林木种苗行政执法系列丛书

林木种苗质量检验技术

喻方圆　周景莉　洑香香　主编
李庆梅　副主编

U0912276

中国林业出版社

图书在版编目(CIP)数据

林木种苗质量检验技术/喻方圆，周景莉，洑香香主编．-北京：中国林业出版社，2008.6（2010.7 重印）

（林木种苗行政执法系列丛书）

ISBN 978-7-5038-5258-9

Ⅰ．林… Ⅱ．①喻… ②周… ③洑… Ⅲ．苗木-育苗-质量检验 Ⅳ．S723.1

中国版本图书馆 CIP 数据核字(2008)第 096141 号

出　版　中国林业出版社(100009　北京西城区刘海胡同 7 号)

E-mail　forestbook@163.com　**电　话**　010-83222880

网　址　www.cfph.com.cn

发　行　中国林业出版社

印　刷　北京中科印刷有限公司

版　次　2008 年 6 月第 1 版

印　次　2010 年 7 月第 2 次

开　本　880mm×1230mm　1/32

印　张　7.5

字　数　160 千字

定　价　20.00 元

凡本书出现缺页、倒页、脱页等质量问题，请向中国林业出版社图书营销中心调换。

版权所有　侵权必究

林木种苗行政执法系列丛书编委会

主编单位： 国家林业局国有林场和林木种苗工作总站
主任委员： 郝燕湘　施季森　刘　红
委　　员： 周景莉　郑欣民　李庆梅　李建锋
高　举　薛天婴

林木种苗质量检验技术

主　　编： 喻方圆　周景莉　洑香香
副 主 编： 李庆梅

前　言

当前，我国林木种苗建设正处于从数量保障型向质量效益型转变的重要阶段。在这样的背景下，加强林木种苗质量监督管理显得十分重要。而普及林木种苗质量检验技术，是提高林木种苗质量监督管理水平的重要前提。

为了普及林木种苗质量检验的科学知识，提高林业基层单位行业管理人员和种苗质量检验人员的技术水平，国家林业局国有林场和林木种苗工作总站组织专业人员编写了《林木种苗质量检验技术》一书。本书参考了近年来出版的林木种苗教材和专著，吸收了改变开放以来我国林木种苗质量检验领域所取得的经验和科研成果，具有较强的系统性和新颖性。在内容安排上，以基础理论知识为主导，同时注意揉合相关技术标准，对一些重点技术，编写了操作实例，以便读者参照应用。本书以实用性为原则，力求通俗易懂，使读者容易理解和掌握。

《林木种苗质量检验技术》全书共分四章。第一章为林木种子播种品质检验，介绍了抽样、净度测定、发芽测定、生活力测定、含水量测定、重量测定、优良度测定、X 射线检验和离体胚测定等内容；第二章为林木种子活力及其测定方法，介绍了林木种子活力的基本概念、测定原理，以及幼苗生长测定法、幼苗活力分级法、加速老化法、电导法、TTC 定量法和四唑图形法等活力测定方法；第三章为苗木质量检测，介绍了形态指标、生理指标、生物物理指标和活力指标等评价苗木质量的指标及其测定方法；第四章为林木种苗品种鉴别，介绍了林木种苗品种的形态鉴定、生化鉴定、细胞学鉴定和分子鉴定方法。

由于时间仓促，加之编者水平有限，书中错误与不足在所难免，编者诚恳地希望读者提出宝贵意见，以便今后作进一步修改和补充。

编者

2007 年 11 月

目　录

第一章　林木种子播种品质检验

第一节　林木种子播种品质检验概述

一、林木种子播种品质检验的意义

林木种子是林业生产的基本资料。但林木种子播种品质常因采种、加工、贮藏和运输等环节所采用的方法和时机的不同而存在很大的差异。林木种子播种品质的好坏直接影响育苗的成败和苗木质量的好坏，甚至影响林木的生长发育。因此，开展林木种子播种品质检验，并通过林木种子质量分析，确定林木种子的使用价值，在林木种子经营中具有重要的实际意义。

通过林木种子播种品质的检验，可以达到以下目的：①确定种子质量，评定种子等级，作为种子能否使用和定价的依据。②作为确定播种量的依据。③防止不合格的种子，特别是含水量不符合标准或感染病虫害的种子入库贮藏，提出控制种子质量的措施，保证种子贮藏运输的安全。④掌握不同产地，不同林分和不同年度种子质量变化的情况，为种苗行业管理提供基本数据。⑤了解种了质量变化情况和影响种子质量的原因，对种子的采收、加工、贮藏和运输等提出改进意见。⑥作为林木种子执法的技术手段，打击不法分子出售假冒伪劣种子。

二、种子质量检验发展的历史

种子质量检验起源于欧洲，最初的检验对象是农作物种子。19 世纪 60 年代，欧洲各国工业化和城市化发展迅速，农业由自给自足发展到社会化生产，种子在农业生产中的重要性逐步加强，种子贸易不断发展。与此同时，奸商贩卖伪劣种子而造成经济损失的事件也时有发生。为了维护种子贸易的正常开展，种子检验应运而生。

1869 年，德国诺培博士（Dr Friedrich Nobbe）首先建立了世界上第一个种子检验实验室，并开展了种的真实性、种子净度和发芽率等项检验工作。他还于 1876 年出版了《种子学手册》一书。诺培是国际公认的种子检验和种子科学创始人。

1871 年丹麦建立了种子检验室。随后，奥地利、荷兰、比利时和意大利等国也相继建立了类似的种子检验室。1875 年欧洲各国在奥地利召开了第一次欧洲种子检验站会议，主要讨论了种子检验的要点和控制种子质量的基本原则。1876 年美国建立了北美第一个种子检验室。1890 年和 1892 年北欧国家分别在丹麦和瑞典召开了制定和审议种子检验规程的会议。北美国家虽然在 19 世纪 70 年代已开始种子检验活动，但有组织的种子检验工作是在 1896 年后才开始的。1897 年美国颁布了种子检验规程。20 世纪初，亚洲和其它洲的许多国家也陆续建立了若干种子检验站。

1906 年，在德国汉堡举行了第一次国际种子检验大会。1908 年，美国和加拿大两国成立了北美官方种子分析者协会（Association of Official Seed Analysts，AOSA）。1921 年欧洲种子检验工作者在法国举行了大会，成立了欧洲种子检验协会（ESTA）。1924 年全世界种子检验工作者在英国举行第四次世界大会，正式成立了国际种子检验协会（International Seed Testing Association，ISTA）。ISTA 以后每 3 年举行一次世界大会（1937 ~ 1950 年受第二次世界大战影响除外）。ISTA 正式成立 80 年来，先后在世界各地召开了 24 次世界大会，制订并多次修订了国际种子检验规程，建立种子技术培训中心，举行种子科技的专题技术培训，编写出版种子刊物和手册等，对世界种子科学技术的发展作出了卓越的贡献。

与此同时，1885 年德国的哈斯（E. O. Harz）编写出版了《农业种子学》。1922 年德国的威特曼克（Wittmach）也编辑出版了《农业种子学》。1932 年日本的近藤万太郎综合了世界有关种子科学的成就，编写了《农林种子学》。1944 年美国波特（R. H. Porter）总结了美国种子检验成就，编写了《农业和园艺种子品质检验》。1958 年前苏联的菲尔索娃总结了前苏联种子检验技术，编写出版了《种子检验和研究方法》和《种子品质测定方法》等书籍。这些书籍都是世界种子检验科学的历史性文献和经典著作。

改革开放以后，我国种子检验事业得到了较快发展，在科学研究、标准化和学术出版等方面都取得了长足进步。在科学研究方面，代表性的有于淑兰等对林木种子发芽条件和四唑测定技术的研究；陈幼生等对X射线造影技术的研究；徐本美等对种子活力测定技术的研究；颜启传等对农作物种子质量检验的研究等。在标准化方面，相继制订了《农作物种子检验规程》、《林木种子检验规程》等技术标准，多次翻译出版了《国际种子检验规程》，翻译出版了《乔灌木种子手册》、《种苗评定与种子活力测定方法手册》等ISTA官方著作。在学术出版方面，中国标准出版社出版了周陛勋等人编著的《林木种子检验》，农业出版社出版了颜启传编著的《种子检验的原理和技术》等书籍。

三、我国林木种子质量检验发展的历史

新中国成立前我国根本没有专门的林木种子质量检验机构。种子检验工作由粮食部门和商检机构来完成。20世纪50年代初期一些科研、教学和生产单位开始了种子检验研究工作。20世纪50年代中期各省林木种子检验机构相继建立。1956年林业部颁发了《林木种子品质检验技术规程》，1978年林业部又制订了《林木种子经营管理试行办法》。改革开放后，各省纷纷建立了林木种苗管理站，并在原有林木种子检验室的基础上成立林木种苗质量监督检验站，成为我国林木种子质量检验的主要力量。一些种子生产、经营规模较大的市、县、林场(良种基地)也有自己的林木种子质量检验室。

为了适应改革开放新形势的需要，国家于1978年下达了制订林木种子检验方法和林木种子质量等级两项标准的任务。根据当时林业生产的需要，主要参照国际种子检验协会1976年版《林木种子检验规程》和1958年苏联的菲尔索娃编写出版的《种子检验和研究方法》以及《种子品质测定方法》等书籍，结合我国林木种子生产实际，制订了GB 2772－81《林木种子检验方法》。该标准于1981年3月由原林业部和国家标准局主持审定，从1982年10月1日开始实施。GB 7908－1987《林木种子》于1987年6月29日获批准，1988年3月1日正式实施。

由于林木种子管理水平和生产技术的提高，进入20世纪90年代后，GB 2772－81《林木种子检验方法》已不适应新形势的需要。因此原林业部种苗管理总站组织力量对上述两项标准进行修订，并将修订目标

定在与国际标准接轨上。修订专家参照国际种子检验协会1993年版《林木种子检验规程》正文及其附件的内容，对GB2772－81《林木种子检验方法》和GB7908－1987《林木种子》进行了修订，2000年5月1日新修订的《林木种子检验规程》和《林木种子质量分级》正式发布实施。

四、林木种子质量检验的内容

林木种子质量检验的内容主要包括抽样、净度测定、发芽测定、生活力测定、优良度测定、重量测定、含水量测定和健康测定等项目。为了快速估测林木种子的发芽潜力，X射线测定和离体胚测定也得到了研究和应用。

五、林木种子质量检验的程序

开展林木种子质量检验工作，必须按一定程序进行，才能保证检验工作科学，公正、可靠和高效。当一批种子需要进行检验时，应按以下程序开展工作：

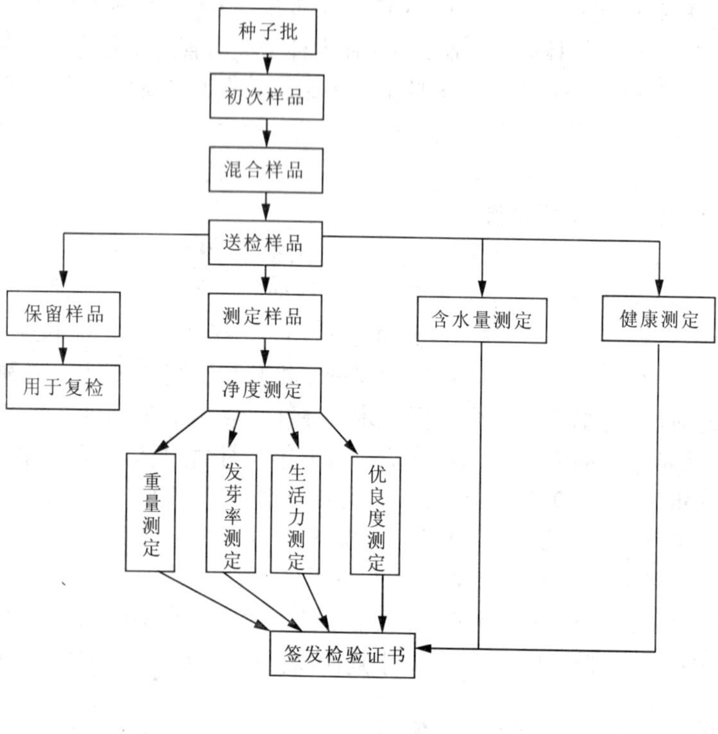

第二节　抽样

一、抽样的目的意义

一个种批通常情况下是由数万、数百万、甚至数千万种粒组成，要掌握一个种批种子的质量状况，不可能对组成种批的每粒种子进行检验，只能从种批中抽取部分种子作为样品，通过检验样品的质量状况来估测种批的质量状况。因此，要准确估测种批的质量状况，所抽取的种子样品能否代表种批的真实情况成为问题的关键。因为对样品的检验结果只能说明样品的质量状况，如果样品不能代表种批，则对样品的检验结果再准确，也不能说明种批的真实质量状况。抽样的目的意义就在于通过一系列科学的技术措施，尽最大可能抽取能够代表种批的种子样品，通过对样品的检验，达到估测种批质量状况的目的。

抽样是抽取有代表性的、数量能满足检验需要的样品，其中某个成分存在的概率仅仅取决于该成分在该种批中出现的水平。为了使种子检验获得正确结果并具有重演性，必须按照 GB2772－1999《林木种子检验规程》规定的方法，从种批中随机抽取具有代表性的初次样品、混合样品和送检样品。检验机构也要使分取的测定样品能代表送检样品。只有这样，才能通过检测样品来评定种批的种子品质。

二、影响抽样的种子物理性质

1. 种子的散落性

从高处落到平面上的散粒物体，常会形成具有一定倾斜面的圆锥体。这种决定倾斜面倾斜角度大小的特性叫做散落性，而斜面的倾斜角度称为自然倾斜角。种子也是一种散落物体，因此，不同的种子都具有不同的散落性以及由它决定的自然倾斜角。种子的自然倾斜角依种子的形状和种皮构造的特性以及种子含水量的高低而不同。通常是种子形状愈近于球形，种皮愈光滑，种子的自然倾斜角愈小。例如，刺槐、皂角、马占相思和合欢等豆科植物的种子，种子堆的自然倾斜角就较小，而杉木、柳杉、香椿、青榨槭和红翅槭等较为扁平或带种翅的种子，其种子堆的自然倾斜角就较大。同一树种的种子，当含水量增高，种皮愈益变为粗糙，种粒之间的摩擦力增大时，种子的自然倾斜角就变大。如果种子中含有较多的枯枝落叶等夹杂物，也会使种子堆的自然倾斜角变大。此外，种子在发热生霉的时候，它的自然倾斜角也常常增大。

种子能开始沿平面滚动并能从平面上全部滚下一粒不剩的角度叫自流角。种子自流角的大小，也是依种子形状、种子含水量和滑动面的材料而不同，滑动面愈光滑自流角愈小。

种子的自然倾斜角和自流角愈小，对贮藏和运输愈有利，因为这些角愈小，种子散落性愈好，搬动它们也就愈容易。而由于种批中不同成分的自然倾斜角和自流角不同，种子在搬运过程中可能造成组成种批的各种组分在种批中的分布不均匀，从而对抽样的代表性带来不利影响。

2. 种子的自动分级

任何一个种批的种子，其中都包含着饱满的、空瘪的、完整的、破伤的种子和枯枝落叶、土块和石子等各种混杂物。由于它们各自的比重不同、散落性不同，因而各组成部分的自流角和自然倾斜角也不一样。所以，当种堆移动时常常引起种子组成部分的重新分配，出现种子自动分级现象。如从上方往贮藏库中倾倒种子的时候，最饱满最重的种粒总是落在种子流的中央部位，而空瘪粒和轻浮的混杂物则往往聚集在周围靠墙壁的地方。而种子从贮藏库的下部流出时，中央部分的种子最先流出，然后才是靠壁处的种子自上而下的依次流出。因此，当种子从大贮藏库向下流出时，其自动分级的现象更为严重。

由于种子的自动分级造成了种子堆不同部位的不同贮藏条件，在个别聚有破伤种子和容易吸湿的混杂物的地方，就可能成为种子自动发热的诱导因素。

种子的自动分级不仅对贮藏是一个不利因素，而且在种子质量检验时还给抽样工作带来许多困难。因此，在抽样时必须充分注意到这个问题，采取相应的抽样方法，尽量排除它的不利影响，力争所取样品具有充分的代表性。

三、有关抽样的几个概念

1. 种批的定义及划分

种批是抽样的基本单位。在抽样前，按要求划分种批十分重要。GB2772－1999《林木种子检验规程》规定，具有下列条件的同一树种的种子称为一个种批：①在一个县范围内采集的；②采种期相同；③加工调制和贮藏方法相同；④种子经过充分混合，使组成种批的各成分均匀一致地随机分布；⑤不超过规定数量。

GB2772－1999《林木种子检验规程》规定了我国主要造林树种种批的最大重量，详见附表1。如超过附表1中限额的5%时应另划种批。种子集中产区可适当加大种批限额。在实际划分种批的过程中，上述5个条件只要有一项不符合要求，就不能作为同一个种批。如采种期相同的两袋马尾松种子，贮藏加工方法相同，种子质量看上去接近，但采种地点不在同一个县的范围内，则两袋种子应划分为两个种批。如果前4项都符合同一个种批的要求，但重量超过了规定的限额，则必须增划种批，并尽量使不同种批之间的重量不要悬殊太大。如有1250kg杉木种子，前4项都符合一个种批的条件，但种批最大重量超过了1000kg的规定限额，应增划种批，这时最好按600kg和650kg的重量划分种批，而不要划成一个种批重1000kg，另一个种批重250kg。

2. 样品的定义

(1)初次样品(primary sample)

从种批的一个抽样点上取出的少量样品。

(2)混合样品(composite sample)

从一个种批中抽取的全部大体等量的初次样品合并混合而成的样品。

(3)送检样品(submitted sample)

送交检验机构的样品，可以是整个混合样品，也可以是从中随机分取的一部分，但数量不得少于附表1中规定的最低量。

(4)测定样品(working sample)

从送检样品中分取，供作某项品质测定用的样品。

四、抽样方法

1. 抽样程序

抽样应由受过抽样训练、具有抽样经验的人员来完成。抽样人员在抽样前要了解该批种子的采集、加工和贮藏等生产经历，查看采种登记表和有关种子堆装和混合的情况，按要求划分种批，并做好标记，然后再实施抽样。抽样时，应当确认该种批是否均匀，如果种批很不均匀，抽样人员能看出袋间或初次样品间的差异时，应拒绝抽样，直至重新混合均匀后再进行抽样。

抽样程序按图 1-1 抽样程序示意图的顺序进行。抽取初次样品是做好抽样工作的第一步，也是关键的一步。因此，初次样品应从容器的不同部位抽取，并使每个初次样品的量大致相当。把所有的初次样品充分混合得到混合样品。混合样品的量取决于批量大小，批量愈大，混合样品的量愈大。一般来说，混合样品的量可以适当大些，也就是说，可以适当多抽取一些初次样品，以保证样品的代表性。取得混合样品后，可按附表 1 规定的数量，用分样器法或四分法把混合样品适当缩减成送检样品。如混合样品的大小已适当，则不必缩减，混合样品可直接作为送检样品。如果要对种子样品进行含水量和健康状况的检验，则应按 GB2772－1999《林木种子检验规程》的要求单独取样。所抽取的样品应密封包装，并立即送往种子检验站实施检测。

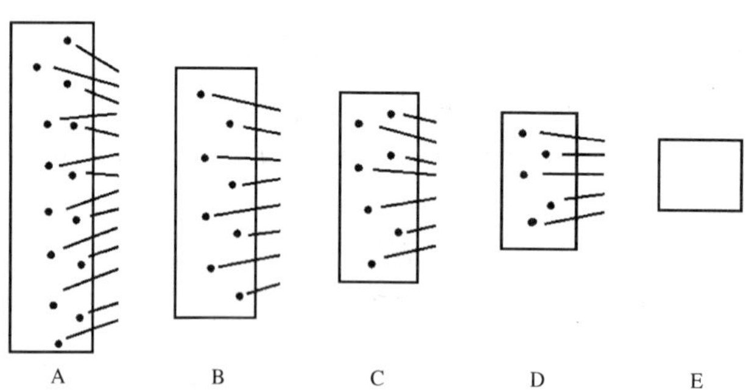

图 1-1　抽样程序示意图

A. 抽取初次样品　B. 充分混合组成混合样品　C. 缩减成送检样品
D. 缩减成测定样品

2. 抽样强度

按照正确的方法从总体中抽取足够量的样本数量和重量，才能对总体特征数作出精确可靠的推断。种子检验中的抽样也不例外，否则将导致错误结果。

如果种批用大小一律的容器盛装，则抽样强度如下：

5 个容器以下，每个容器都抽，且至少抽取 5 个初次样品；

6 ~ 30 个容器，抽 5 个容器，或每 3 个容器抽 1 个，这两种抽样强度中以数量大的为准；

31 ~ 400 个容器，抽 10 个容器，或每 5 个容器抽 1 个，这两种抽样强度中以数量大的为准；

401 个容器以上，抽 80 个容器，或每 7 个容器抽 1 个，这两种抽样强度中以数量大的为准。

如果种批是散装的，则抽样强度如下：

500kg 以下，至少 5 个初次样品；

501 ~ 3000kg，每 300kg 一个初次样品，但不少于 5 个初次样品；

3001 ~ 20000kg，每 500kg 一个初次样品，但不少于 10 个初次样品；

20000kg 以上，每 700kg 一个初次样品，但不少于 40 个初次样品。

3. 初次样品的抽取

一个种批由许多不同的容器所盛装，应当从这些容器中随机选定取样容器，从选定容器的上、中、下各个部位抽取初次样品，但不一定要求每件容器都抽取一个以上部位。对于装在小型或防潮容器中的种子，如有可能，应在种子装入容器前或装入容器时抽样。

散装种子或大型容器中的种子，应随机从各个部位及深度抽取初次样品。一般可在堆顶的中心和四角（距边缘有一定的距离）设 5 个抽样点，每点按上、中、下三层抽样。也可与种子风选、晾晒和出入库结合进行。

(1)用套管取样器抽取初次样品

套管取样器是一个紧密套合的双层空心的尖头光滑金属管。内外两套管开有同样大小的狭缝或圆孔。当内管的孔缝旋到与外管孔缝重合的位置时，种子便可落入内管。再将内管旋转半周，孔缝即行关闭。有的取样器内管装有几个隔板把它分成几个室。有隔板的套管取样器可以水平使用，也可以垂直使用。无隔板的一般不宜垂直使用，否则开启取样器的孔缝时，从上层落入取样器的种子可能偏多。

取样时，取样器呈关闭状态插入袋内。开启孔缝，转动两次或轻轻摇动，使种子装满内管，然后关闭、抽出。取出的种子倒入一适当的容器或摊放在一张纸上，这样一次抽出的种子即为一个初次样品。从各个容器的不同部位继续抽取，直至略大于规定的送检样品数量的10倍。

关闭取样器时，应注意不要夹破或夹伤种子，取样器从袋内抽出后，尖端应在孔洞相对的方向划几下，使包装袋的纤维合并起来，封闭因插入取样器而形成的孔洞。

(2)用锥形取样器抽取初次样品

锥形取样器适用于袋装种子抽样，但不适用于散装种子。取样时将锥形取样器的尖头略略朝上，凹槽的一面向下，慢慢插入袋内，将取样器旋转180°。使凹槽向上，然后抽出取样器，即得一个初次样品。继续抽取初次样品，直至略大于送检样品最低量的10倍。

(3)徒手取样

对不易流动的带壳、带翅种子，可以徒手取得初次样品。但种子堆的深度超过40cm时，一般难于徒手取样。这时可以将袋内的种子倒出一部分，取满规定的数量后再装入。

徒手取样时，要保持手指密缝，不使种子或夹杂物漏掉。

4. 混合样品的取得

将扦取的所有初次样品充分混合均匀，即得混合样品。一般混合样品不应小于送检样品的10倍。

5. 送检样品的取得及分样方法

从混合样品中提取送检样品以及从送检样品中分取具有代表性的测定样品，都是样品的缩减，属于广义的抽样范畴，都是至关重要的步骤，在此一并介绍。

(1)圆锥形分样器法

圆锥形分样器有大小两种，以适用于大小不同的种子，其主要结构是漏斗，漏斗底部有活门，活门的中心正对一个圆锥体的锥顶，圆锥体周围有一组把种子分别导向两个出口的隔板。开启活门时，漏斗中的种子由于重力作用下落，通过圆锥体均匀面随机地进入隔板所组成的通道。其中一半种子从一个出口落出，另一半种子从另一出口落出。两个出口处各放一盛种罐，承接落出的种子。

为此，将需要缩减的样品通过分样器，使种子落入两个盛种罐。重复这个操作，即将全部样品再次全部通过分样器。如有必要，可重复第三次。一般这样操作两三次即可使样品充分混合。

经过充分混合的样品。再按上法操作继续对半分区，每次去掉一半，直到取得大约不小于所需的数量。如最后一次所得的一半不够所需的数量，应把另一半种子再通过圆锥形分样器，缩减到一定程度后，用来补足不够之数，不能任意用某一部位的种子凑数。

使用圆锥形分样器之前应当：

①摇晃分样器，检查其中有无过去使用时残留下来的种子或其它夹杂物，也可用强光清扫分样器的通道。

②检查两个盛种罐所承接的种子是否大体相等。要求两者重量之差小于两份种子平均重量的5%，否则应调整分样器。

(2)四分法

将需要缩减的样品倒在清洁光滑的桌面上，用两只边缘呈斜面的分样板沿不同方向将样品反复混拌后铺成正方形。正方形的厚度，大粒种子不得超过10cm，中粒种子不超过5cm，小粒种子不得超过3cm。用分样板将正方形区分成四个三角形，把其中任意两个相对的三角形暂时去掉(图1-2)。收集剩下来的两个三角形，继续按上述程序混拌、摊平，区分，直到相对两个三角形的种子量略大于所需数量为止。

(3)棋盘式分样法

是将种子倒入桌面或各种平板上，用分样板按纵横两个方向把种子反复混拌均匀，然后铺成长方形或正方形，厚度与四分法的要求相同。将平铺的种子分成16个或20个面积大体相等的小方块，用两个大小一样的平头取样匙间隔地抽取种子。此法可重复进行，直至所需数量为止。在抽取每一个小方块的种子时，应连同夹杂物等一同打扫干净。

(4)送检样品的重量

净度测定样品一般应含不少于2500粒纯净种子，送检样品的重量至少应为净度测定样品的2~3倍，大粒种子重量至少应为1000g，特大粒种子应不少于500粒。根据上述原则，附表1规定了不同树种送检样品的最低重量。

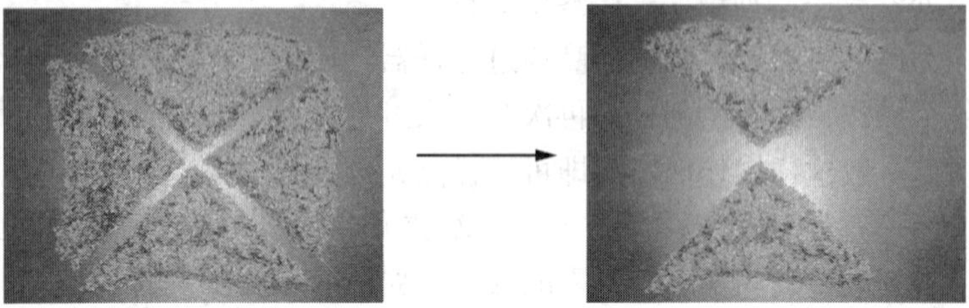

图 1-2　四分法分样示意图

五、送检样品的包装，发送及保管

所抽取的送检样品必须按一定方式编号，使之与相应的种批建立联系。

送检样品必须用适当的容器包装好，以防在运输过程中损坏。供含水量测定的样品，要密封包装在防潮容器内，并尽可能排去其中的空气。加工时种翅不易脱落的种子，须用木箱等硬质容器盛装，以免因种翅脱落增加夹杂物的比重。

每个送检样品必须分别包装，填写两张标签，注明树种名称，种子采收登记表编号和送检申请表编号等。一份放入容器内，另一份妥善附在容器外面。现以送检一份马尾松种子样品为例，填写林木种子送检申请表如表 1-1。

送检样品包装后，要尽快连同种子采收登记表和送检申请表寄送检验单位。

种子检验单位收到送检样品后，应填写送检样品登记表。并从速进行检验。一时不能检验的样品必须存放在适宜的场所。

为了便于复验，GB2772 - 1999《林木种子检验规程》规定，送检样品自发证之日起要放在适宜条件下保存 4 个月，使种子品质的变化降至最低限度。低含水量的种子样品放入密封的塑料袋中，在 3 ~ 5℃ 下可以保存很长时间不会变化。供测定含水量和测定种子健康状况的送检样品，检验后不必保存。

表 1-1　林木种子送检申请表

编号：200701

现有送检样品一份，简要情况如下，请给予检验。

一、树种名称：马尾松 *Pinus massoniana*

二、采种地点：江西省吉安市青原区白云山林场

三、采种时间：2006 年 11 月 20 日

四、送检样品重(g)：85

五、种批编号：20070102

六、本批种子重量(kg)：500　容器件数：20

七、要求检验项目：净度、含水量、发芽率

八、质量检验证书寄住地点和单位名称：343000 江西省吉安市阳明东路 14 号吉安市林木种苗站

送检单位(盖章)
江西省吉安市林木种苗站

扦样人：×××
联系人：×××
日期：2007 年 2 月 15 日

六、种批均匀一致的重要性

在种批的定义中，第 4 条是种批的均匀性，为什么强调这一条呢？这是因为，在种批不均匀的情况下，一是即使按照规定程序取得的送检样品对种批也很难具有代表性。二是不同的扦样人员扦取的送检样品很难一致。甚至同一个扦样人员在不同的时间扦取的各个样品也很难彼此一致。根据这些样品进行的检验当然会有较大的出入。三是加大抽样比，也难以对不均匀种批的质量状况作出可靠估计。

本文将利用一次模拟试验来证明，如果种批不均匀，即使大大增加抽样比也很难得到满意的结果。现假定马尾松某种批有 60 袋，由 A、B、C 三个部分组成。A 部分 30 袋，发芽率约 75%；B 部分 20 袋，发芽率约 60%；C 部分 10 袋，发芽率约为 50%。上述发芽率只是一个大致情况，实际上袋与袋之间还有差异。现按 30% 的抽样比抽出 18 袋，这 18 袋中 3 部分的可能组合及其出现的概率是可以计算的。例如，A 占 8～10 袋，B 占 5～7 袋，C 占 2～4 袋的可能性为 40.3%。本次模拟试验抽到的 A 为 9 袋，B 为 6 袋，C 为 3 袋。按照常规程序，从这 18

袋扦取的初次样品应组合成一份混合样品，从中分取一份送检样品。由于本次试验的种批是一个不均匀种批，现改为每袋单独组成一份送检样品，共18份送检样品。这样多的送检样品当然能提供很多信息，例如平均质量状况，质量分布状况以及合格和不合格种子的比例。本次模拟试验中18份样品的发芽测定结果如下：80%，76%，75%，74%，74%，72%，71%，70%，70%，65%，65%，62%，60%，58%，57%，50%，48%，44%。于是可知以下三条信息：①该种批“平均”发芽率为65%；②根据GB7908－1999《林木种子质量分级》的等级标准，18份样品中有3份为Ⅰ级，10份为Ⅱ级，4份属于Ⅲ级，1份为不合格种子。由此可以推测，该种批Ⅰ、Ⅱ、Ⅲ级和不合格种子所占的比例很可能是17%，56%，22%和5%；③如果原定种子发芽率的合格临界值为65%，可以推断该种批中合格种子约占61%，不合格种子约占39%。对这次模拟试验可以讨论如下：

(1)取得以上3条信息的前提是，第一，抽出的18袋中A占9袋，B占6袋，C占3袋。根据计算，出现这种情况的概率是不大的，只有7.2%。第二，18份样品的发芽测定结果如上所述。但出现这种情况的偶然性也很大。如果抽中的是另外18袋，其中A、B、C的袋数不是这种组合，所得到的18份样品的发芽率是另外的情况，那么，18份样品的平均发芽率、发芽率的分布以及各级种子所占的比例就会大不相同。这充分表明，不均匀种批很难抽样，抽出的样品对于种批很难具有代表性，抽样所得到的检验结果很难重现。

(2)如果该批种子整批调出，整批调入并整批使用，以上3条信息都可以作为供需双方商定合理价格的依据。不过，即使是整批使用，为了取得均匀一致的播种效果，使用前(例如飞播前)还必须将这60袋种子重新混拌均匀。

(3)如果该批种子是分散调出，或者，虽然是整批调出但分散使用，则无论是以上三条信息中的哪一条，都无法用作合理定价的依据。一般来说，这时卖方始终处于不利地位。在这种情况下要合理解决问题，一个办法是每件容器都单独抽样、单独检验。这就必然更加加大抽样的工作量和检验的工作量。这就是说，问题又回到了种批的定义上来，即种批的均匀性十分重要。扦样前，种批必须充分混拌，使品质均匀一致，对不均匀的种批应拒绝抽样。

第三节　净度测定

一、净度测定的目的意义

净度是测定样品中纯净种子重量占测定后样品各成分重量总和的百分数。净度测定的目的就是测定供检验样品中纯净种子、其他植物种子和夹杂物的重量百分率，据此推断种批的组成。品质优良的种子应该是目的树种的纯净种子。如果种子净度低，则不仅会降低种子的使用价值，而且会因为种子含夹杂物多而不利于种子贮藏运输，或者造成种子播种后杂草和病虫害蔓延。因此，通过测定了解种子净度，并采取适当的措施提高种子净度，在生产上具有重要实际意义。

二、定义

净度测定的关键是将纯净种子、其它植物种子和夹杂物区分开来，这一看似简单的问题，因为自然界植物种类繁多，不同植物种子形态和结构千差万别而变得复杂。因此，在做净度测定之前，首先应掌握纯净种子、其它植物种子和夹杂物的区分标准。

1. 纯净种子(pure seed)

纯净种子包括：

(1)送检者陈述的种或分析中发现的主要种的种子，是完整的、未受伤的、发育正常的种子，发育虽不完全的种子和不能识别出的空粒；虽已破口或发芽但仍具有发芽能力的种子。

(2)带翅的种子中，凡加工时种翅容易脱落的，其纯净种子是指除去种翅的种子；加工时种翅不容易脱落的，则不必除去，其纯净种子包括留在种子上的种翅。

(3)壳斗科纯净种子是否包括壳斗，取决于各个种的具体情况：壳斗容易脱落不包括壳斗；难于脱落的包括壳斗。

(4)复粒种子中至少含有一粒种子。

2. 其他植物种子(other seeds)

分类学上与纯净种子不同的其他植物种子。

3. 夹杂物(inert matter)

(1)能明显识别的空粒、腐坏粒、已萌芽因而显然丧失发芽能力的种子;

(2)严重损伤(超过原大小一半)的种子和无种皮的裸粒种子;

(3)叶片、鳞片、苞片、果皮、种翅、壳斗、种子碎片、土块和其他杂质;

(4)昆虫的卵块、成虫、幼虫和蛹。

三、净度测定的程序

1. 净度测定样品的提取

将收到的送检样品用四分法或小型分样器分样,直至附录1规定的重量,以保证净度测定后有足够量的纯净种子用于其它测定。

2. 称量精度

净度测定样品以及测定样品分成的各成分,其称量精度要符合表1-2的规定。

表1-2 净度测定样品的总体及各个组成成分的称量精度表

测定样品重(g)	称量至小数位数
1.0000 以下	4
1.000 ~ 9.999	3
10.00 ~ 99.99	2
100.0 ~ 999.9	1
1000 或 1000 以上	0

3. 测定方法

将测定样品平铺在干净、光滑的净度分析台面上,按照上文定义的要求仔细区分出纯净种子,其他植物种子和夹杂物3种成分,并分别称重,称重精度按表1-2的要求执行。如果送检样品中混有较大的或多量的夹杂物,要在测定样品称重以后、分析之前进行必要的清理,并称重。桉树、桦木等特小粒种子,通常用称量发芽法测定种子发芽率,这时可以不测定种子净度。

4. 样品测定误差的检查

把测定样品的3个组成部分分别按前述称量精度称量，3部分重量之和与该样品原重量的差值如未超过样品原重的5%，则误差检查合格，可根据测定结果计算净度。否则需要重新测定。例如，马尾松种子净度测定样品重35.18g，净度测定后各成分为：纯净种子32.35g，其它植物种子0.83g，夹杂物1.63g，则样品测定误差为：

$$样品测定误差 = 35.18 - (32.35 + 0.83 + 1.63) = 0.37$$

$$而允许误差 = 35.18 \times 5\% = 1.76$$

显然，该测定结果没有超过允许误差，此次测定合格。

5. 结果计算

净度计算公式如下：

$$净度(\%) = \frac{纯净种子重}{纯净种子重 + 其他植物种子重 + 夹杂物重} \times 100$$

送检样品先行清理的，其净度按下式计算：

$$净度 = 送检样品净度 \times 测定样品净度$$

$$送检样品净度(\%) = \frac{除去杂质后的样品重}{送检样品重} \times 100$$

净度测定中各个成分应计算到两位小数，并按GB/T 8170修约到一位小数。测定结果应填入净度分析表(表1-3)。填表时应注意，测定样品各成分总和必须为100%。现以上述马尾松种子净度测定为例，将测定结果填入表1-3。

四、净度测定中的几个问题

1. 精确法与快速法

早期在欧洲判别纯净种子采用精确法。该法认为纯净种子必须是具有发芽能力，并预期能长成正常幼苗的种子。因此，除发育良好的种子外，在发育不良和受损伤的种子中，只有认为能长出正常幼苗的种子，才算是纯净种子。这样，纯净种子就和发芽能力高的优良种子的概念相一致。而那些无生命的空粒、涩粒和不能长成正常幼苗的瘪粒，以及发育不良的、受伤的、显然无用的、不适于播种的废种子不能列为纯净种子。

表 1-3　林木种子净度分析记录表

编号 2007001

树种：马尾松　　样品号：01　　样品情况：完好

测试地点：国家林业局南方林木种子检验中心实验室

环境条件：室内温度 20 ℃，空气相对湿度：60 %

测试仪器：名称 千分之一电子天平　　编号：20040591

<table>
<tr><th>方 法</th><th>试样重
g</th><th>纯净种子重
g</th><th>其它植物种子重
g</th><th>夹杂物重
g</th><th>总 重
g</th><th>净 度
%</th><th>备 注</th></tr>
<tr><td>全样法</td><td>35.18</td><td>32.35</td><td>0.83</td><td>1.63</td><td>34.81</td><td rowspan="5">92.9</td><td rowspan="5"></td></tr>
<tr><td></td><td></td><td></td><td></td><td></td><td></td></tr>
<tr><td></td><td></td><td></td><td></td><td></td><td></td></tr>
<tr><td></td><td></td><td></td><td></td><td></td><td></td></tr>
<tr><td colspan="2">实 际
差 距</td><td colspan="2">0.37</td><td>容 许
差 距</td><td>1.76</td></tr>
</table>

本次测定：有效 √　　测定人×××

无效 □　　校核人×××

测定日期 2007 年 2 月 20 日

精确法的优点是测定结果较符合种子发芽的实际情况，有利于种子采集，加工技术的提高。但该法的缺点也很明显，主要是：①技术过分复杂，带有很大的主观性，不易操作；②结果重演性不好；③费时；④很容易将一批种子降为不合格。

快速法认为净度测定是确定测定样品的纯净程度，对于纯净的种子是否饱满，有无生活力，能否长成正常幼苗，那是优良度、生活力和发芽率等发芽能力的测定问题，不能把净度测定代替为发芽能力的测定。因此，该法认为：除了发育良好的、完整的、未受损伤的种子外，受损伤的种子和破碎的仍然有一半以上的种子，无胚受损伤的，粒小的、空粒、涩粒、瘪粒和已发芽的种子，虽然它们不能发芽，但也算是纯净种子。

快速法的优点是：①方法简单，容易操作；②重演性好。该法的缺点是对种子采集、加工技术的提高不利。

从目前情况来看，国际国内学者皆一致认为快速法优于精确法。《国际种子检验规程》和GB2772－1999《林木种子检验规程》皆采用快速法来测定种子净度。本文对纯净种子的定义采用的就是快速法。

2. 关于纯净种子的定义

林木种子的形态千差万别，对于每一个具体的树种，确定纯净种子、其它植物种子和夹杂物的划分标准是做好净度测定的关键。下面就净度分析时容易出现的几个问题进行分析：

(1)如何判定受损伤的种子。受损伤的种子往往难以判定，没有明显损伤的种子，即使明显是空粒也应归为纯净种子或其它植物种子。不必逐粒翻转种子查看它们的另一面是否受伤。如果种皮或果皮上有裂缝或其它破口，可以清楚地看出剩下的真种子不到一半，则该种子单位应归为夹杂物。

(2)如何判定带翅的种子。有一些树种，如马尾松、湿地松、火炬松、冷杉等，它们的翅容易分离，这些树种的翅应视为夹杂物。另一些树种也带翅，但不易剥离，例如槭属、臭椿属、桦木属、梓树属、洋椿属、枫香属、鹅掌楸属、丁香属、崖柏属和榆属等，它们的翅应视作纯净种子的组成部分，净度测定时不必剥离。对于GB2772－1999《林木种子检验规程》中未列入的树种，判断它们的翅或包被物是否归为纯净种子，应看它们的翅或包被物是否容易剥离，如果易剥离，则应视为夹杂物。反之，则应归为纯净种子的一部分。

3. 关于粘滞性种子

GB2772－1999《林木种子检验规程》列入了粘滞性种子这一项目，这是参阅《国际种子检验规程》后新提出的概念。其目的是使净度分析结果更准确，更具有可比性。粘滞性种子具有如下特点：①容易相互粘附或容易粘附在其它物体(如包装袋、分样器等)上；②容易被其它植物种子粘附或容易粘附其它植物种子；③不易被清选、混合或扦样。

粘滞性种子给取样、分样、净度和重量测定等工作带来一定的困难。因此测定时应更加细心。GB2772－1999《林木种子检验规程》对粘滞性种子的测定允许误差给予了适当放宽。

第四节　发芽测定

一、发芽测定的目的意义

发芽能力是林木种子最重要的播种品质，林木种子播种价值的高低主要取决于种子的发芽率。测定种子发芽率对于确定合理的播种量、划分种子等级和确定种子价格等方面都有重要意义。

室内测定一粒种子发芽，是指幼苗出现并生长到某个阶段，其基本结构的状况表明它是否能在正常的田间条件下进一步长成一株合格苗木。发芽测定就是人为创造最理想的环境条件，使种批潜在的发芽能力能够充分表现出来。最终目的是了解该种批适于播种的程度，并比较不同种批的使用价值。

为了使测定结果能够相互比较，并能在随机变异的范围内具有重现性，发芽测定必须按照 GB2772－1999《林木种子检验规程》的要求，在标准化的条件下进行。

二、种子的萌发过程

种子萌发包括吸胀、萌动和成苗 3 个相互重叠的过程，现分述如下：

1. 吸胀

吸胀是种子萌发的第一步。种子中含有蛋白质等大量亲水胶体，在外界水分充足的情况下，很容易吸水膨胀。种子吸水基本上是一个物理过程，吸水的结果是细胞体积膨大。如刺槐种子吸水后，其体积可达到吸水前的数倍。

种子吸水的速率主要与种皮结构和外界温度有关。种皮透水性好的种子吸水速度快，如杉木、马尾松、湿地松等。种皮坚硬、致密的种子透水性差，吸水困难，如刺槐、合欢、台湾相思等。吸水困难的种子，适当提高水温，可以加快吸水速度。种子的吸水量主要与种子内含物成分有关，富含蛋白质的种子吸水量最大，如刺槐等。富含淀粉的种子吸水量次之，如板栗等。油脂含量高的种子吸水量最少，如油茶等。

2. 萌动

种子吸水膨胀后，因为有了水，种子内原来钝化的酶开始活跃，特别是一些水解酶类的活性大大增强，这些酶催化一系列生理生化反应，使种子贮藏的蛋白质、淀粉和脂肪等营养物质转化为氨基酸、糖等简单有机化合物，供胚的萌发所利用，同时提供胚萌发所需的能量。种子因吸水而发生一系列生理生化反应，并使胚开始生长的过程就是种子萌动阶段。这一阶段种子的生理生化反应活跃，呼吸旺盛，因此不仅需要足够的水分和适宜的温度，而且需要充足的氧气供应。

3. 成苗

种子中的胚利用蛋白质、淀粉和脂肪的水解产物，开始生长，细胞体积增大，并不断分裂，使细胞数目不断增大。这时种子呈现明显的生长，胚根突破种皮，并不断伸长，直至子叶从种壳中脱出，发育成一个完整的幼苗，并具有光合能力，开始个体生命的另一个阶段，这就是种子的成苗阶段。

从胚根突破种皮到形成完整的幼苗，持续过程较长，是发芽测定的关键阶段。由于胚根、胚轴、胚芽和子叶都非常幼嫩，对温度、水分和通气都十分敏感，也易发生病菌感染，因此，这一阶段的温度、水分和通气等方面的管理必须谨慎细致。

三、发芽测定的条件

发芽测定必须在最适宜供试种子萌发的条件下进行。种子发芽的必须条件是水分、温度、氧气和光照。

1. 水分

水分是种子发芽的必要条件。发芽用水应当为中性（pH 值 6.5 ~ 7.0），不含酸、碱或其它杂质。种子发芽盒（或床）要保持湿润，但水分过多又会阻碍氧气进入种子，抑制种子呼吸。一般发芽基质的水分以不使种粒周围形成水膜为宜，其含水率应是饱和含水率的 60% ~70%，空气相对湿度应保持在 90% ~95%。

2. 温度

一般种子发芽所能适应的温度范围都比较宽，有的树种甚至在一定范围内的不同温度下发芽并无显著差别。不过多数树种都会有一个最适宜的温度。如同为桉属树种，大叶桉为20℃，柠檬桉为25℃，赤桉为30℃。多数种子的发芽最适温度在25℃左右，或在20～30℃之间。

目前规定的发芽测定温度大致分为两类，一类是恒温，另一类是变温。多数林木种子发芽测定使用的是恒温，例如25℃或30℃恒温。有些树种则规定采用变温。例如20～30℃的变温，以模拟昼夜交替的温度变化，有利于种子发芽。采用变温时，每昼夜有16小时给予较低温度，8小时给予较高的温度。

3. 通气

种子发芽时由相对静止状态转入活跃状态，呼吸强度大大增加，种子需要吸收氧气，并放出二氧化碳。如果通气不良，种子周围的二氧化碳积累量达到17%时会抑制种子发芽，当二氧化碳积累到35%时，种子就会因窒息而死亡。因此，种子发芽时要保持良好的通气状态，及时排出二氧化碳。

4. 光照

除非确已证实某个树种的发芽会受到光抑制，否则发芽测定时，每天应给予8h的光照，使幼苗长势良好，不容易遭受微生物侵害。松属、冷杉属、云杉属、桦木属、赤杨属、白蜡和青桐属等种子，在光照下有促进发芽的效果，对这种类型的种子更应给予光照条件。种子萌发前忌光的种子，可播于疏松而平整的细沙之上，并用10～20mm的细沙覆盖。

四、发芽测定的仪器设备

发芽测定的主要仪器设备是光照发芽箱。发芽箱的型号很多，一般由箱体、光照系统、加热系统、降温系统和温度控制系统组成。发芽箱的温度通常能控制在0～50℃的范围内，根据需要而设定。设定的温度既可以是恒温，也可以是变温。目前我国发芽箱的主要问题是没有解决加湿问题，为了保持发芽床湿润以利种子萌发，一般使用透明发芽盒作为附属物品供发芽测定用。

五、发芽测定的方法与步骤

1. 测定样品的提取

发芽测定所需样品应从净度测定后的纯净种子中提取，即使送检单位不要求测定净度，发芽测定样品也应从纯净种子中提取。

首先用四分法将种子分成 4 份，从每份中随机提取 25 粒组成 100 粒。共取 4 个 100 粒，即为 4 个重复。种粒大的可以 50 粒或 25 粒为一个重复。特小粒种子用重量发芽法测定发芽率，通常每 0.1 ~ 0.25g 为一个重复。

2. 测定样品的预处理

发芽测定前种子是否需要预处理，用什么方法处理，这取决于被测定种子的基本特性，同时也受种子质量情况的制约。

没有休眠特性的种子，如杉木、马尾松、黑松、赤松、云南松、油松、水杉、落叶松等，通常只需要温水浸种即可，甚至可以不经处理直接置床。

胡枝子、相思树、黑荆树、凤凰木、格木、紫荆、皂角、刺槐和紫穗槐等林木种子，因种皮致密而不透水、难于发芽，可以用酸蚀或热水浸种的方法进行预处理。

具有内源性休眠特性的种子，如红松、铅笔柏、椴树、青钱柳、秤棰树、槭树属种子、木兰科种子、冬青属种子等，发芽测定之前应采取低温层积处理，以打破休眠，促进萌发。

为了避免发芽测定中种子受病菌感染，应对发芽盒、发芽床、发芽基质等器具进行消毒处理，处理的方法有高温灭菌、消毒液清洗等。另外，发芽测定用水要保证清洁干净，最好用无菌水。发芽室的空气也应该干净，以最大限度减少外源病菌感染的可能性。值的注意的是，有的种子本身带有病菌，发芽测定前是不应该将这些病菌杀灭的，因为这代表该种批的真实情况。另外，种子易感染病菌也可能是活力低的一种表现。所以，发芽测定用的种子样品是不宜消毒处理的。

3. 置床

置床就是将经过预处理的种子放置于发芽基质上。发芽基质因树种而异，常用的发芽基质有脱脂棉、滤纸和细沙等。目前盛放种子的器具有发芽盒、发芽板等。

通常每个发芽盒能整齐地安放 100～200 粒(种粒大时可为 50 粒乃至 25 粒)种子。种粒之间保持的距离以相当于种粒本身的 1～2 倍为佳，以减少霉菌蔓延感染，避免发芽的幼根相互缠绕。发芽种粒的排放应有一定规律，以便计算并减少错误。种子安放妥当后，要将样品登记表的号数，重复号，树种和置床日期用铅笔简单地填写一张小标签，分别贴在发芽床或发芽盒的不易损坏的地方，例如发芽盒的盒壁上，以免引起差错。

4. 发芽测定的管理和观察记载

发芽测定的情况要定期观察记载。特别是胚根突破种皮以后，更应密切关注种胚的生长发育情况。除观察记载外，对发芽环境的监控和管理也非常重要，否则，发芽测定可能失败。

(1)管理

①经常检查发芽环境的温度，仪器的温度同预定的温度相差不能超过 ±1℃。

②保持发芽床的水分。水分不足时应及时加水，但水分也不能过多，用指尖轻压发芽床(指纸床)，如指尖周围出现水膜，或者种粒四周出现水膜，都表示水分过多。另外，各重复之间的水量应力求一致。

③种子发芽需要足够的氧气，并会释放出大量的二氧化碳。有盖发芽盒的缺点之一就是通气不良，应当经常揭开盖子使发芽盒充分换气。

④如果种子感染了霉菌，应将被感染了的种子取出(不要使它们触及健康的种粒)，用清水冲洗数次，直到水无混浊再放回原发芽床。发霉严重时整个发芽床都要更换。这些情况在发芽记录表(表 1-5)中应有所记述。

(2)观察记载

发芽测定情况要定期观察记载。为了更好地掌握发芽测定的全过程，最好每天作一次观察记载。至少在规定的统计发芽势和发芽率的那一天，必须有记载。如果需要计算平均发芽时间、发芽指数等指标，则必须每天记录发芽数目。

发芽测定过程中需要记载的内容主要有正常幼苗、不正常幼苗、异状发芽粒和腐烂粒等，其中正常幼苗和不正常幼苗的判断标准将在幼苗评定中加以阐述。下面介绍异状发芽粒和腐烂粒的判断标准。

异状发芽粒：指胚根短而生长迟滞；胚根呈负向地性；胚根萌发异常纤弱；胚根腐坏；胚根发自珠孔以外的部位；种壳爆裂或脱落；胚根卷曲；子叶先出；竹类种子有根无芽、有芽无根或根短而生长迟滞。

腐烂粒：内含物腐败成胶状的无生命种子称腐烂粒，应及时提出并在表格中记述，但不能把感染霉菌的种子混同为腐烂粒。

(3)发芽测定的持续时间

发芽测定的持续天数因树种而异，通常为21～28天。如果确认某样品已达到最高发芽率，也可在规定的时间以前结束测定。如到规定的结束时间仍有较多的种粒萌发，也可酌情延长测定时间。

(4)发芽结束后未发芽种粒的分析与记载

发芽测定结束后，应对未发芽种粒逐一切开鉴定，以确定种子未发芽的原因。未发芽种粒主要有新鲜健康粒、硬粒、空粒和涩粒等，其判断标准如下：

新鲜健康粒：种粒结构正常，未萌动，也未感染发霉。

硬粒：种皮透性不良的新鲜未发芽粒。

空粒：仅具有种皮的种粒。

涩粒：种粒内没有胚和胚乳，仅有紫黑色的单宁类物质，多见于杉木、柳杉。

如果发芽测定结束后仍然有较多新鲜健康粒或硬粒，则应分析这些种子未发芽的原因，通过四唑染色、离体胚法或X射线衬比法测定，判断这些种子是否具有生活力。如果新鲜健康粒或硬粒过多，则应对这些种子采取恰当的预处理措施，并重新布置发芽测定。

六、幼苗评定(seedling evaluation)

幼苗评定是发芽测定最重要的内容之一。其目的是判断哪些是正常幼苗，哪些是不正常幼苗。种子检验人员对不正常幼苗一定要有清醒的认识，因为它常常表现为活与死之间的某个中间阶段。

正常幼苗(normal seedling)是指生长在良好土质及适宜水分、温度和光照条件下，表现具有继续发育成为正常植株能力的幼苗。包括：

(1)完整幼苗：幼苗所有主要构造发育良好、完全、匀称健康、生长良好。

(2)带有轻微缺陷的幼苗：幼苗的应有结构出现某种轻微缺陷，但在其他方面正常、生长均衡。与同次测定中完整幼苗的其他方面不相上下。

(3)受到二次感染的幼苗：幼苗明显地符合上述的1项和2项。但受真菌或细菌感染，而病源不是来自种子本身。

不正常幼苗(abnormal seedling)是指生长在良好土壤及适宜的水分、温度和光照条件下，表现不能继续发育为正常植株的幼苗。包括：

(1)损伤的幼苗

幼苗的主要构造残缺不全，或受严重的和不能恢复的损伤，使平衡发育无望。

(2)畸形或不匀称的幼苗

幼苗发育细弱，或存在生理障碍或其主要构造畸形或不匀称。

(3)腐烂幼苗

由于原发性感染，幼苗的主要构造腐烂，以至妨碍其正常发育。

判断正常幼苗与不正常幼苗的具体要求与树种特性有关，因此，不同树种的判断标准有所差异。国际种子检验协会(ISTA)出版的种苗评定手册可作为幼苗评定的依据，现以冷杉属和松属为例，说明其中的相关要求。

冷杉属(Abies)和松属(Pinus)植物种子形状、大小各不相同，但它们都具有嵌入胚乳的直立胚。

发芽的开始阶段，初生根突破种皮，快速伸长。在规定的检验期内一般不形成次生根。因此，幼苗评定时不考虑次生根。下胚轴伸长推动种子和子叶上升，子叶嵌入种子的一端，以便从胚乳中吸收营养成分，一直到把其贮存养分消耗尽，之后种壳脱落，此时子叶轮中央的苗端变得明显，但苗端在检验期一般不生长。冷杉属和松属植物种子萌发时正常幼苗和不正常幼苗的描述如表1-4所示。

表 1-4　冷杉属和松属植物种子萌发时正常幼苗和不正常幼苗的简要描述

正常种苗	不正常种苗
(1)根系：初生根完整或仅表现轻微缺陷。例如：变色或坏死斑点。 (2)幼枝系：下胚轴完整或仅带有轻微缺陷。例如：变色或坏死斑点；已愈合裂缝或裂口；浅裂缝或裂口；轻度扭曲。 (3)子叶完整或仅带有轻微缺陷。例如：没有功能的组织在 50% 以下。 (4)顶芽完整。	(1)根系：初生根缺陷。例如：残缺或粗短；停滞或缺失；破裂；从顶端开裂；缩缢；细长；卷缩在种皮内；负向地性；玻璃状；初次感染引起的腐烂。 (2)幼枝系：下胚轴缺陷。例如：粗短或缺失；深度裂缝或裂口；有穿通的裂缝；缩缢；过度弯曲或形成环状；细长；玻璃状；初次感染引起的腐烂。 (3)子叶缺陷：50% 以上的组织没有功能。例如：损伤；分离或缺失；变色或坏死；玻璃状；初次感染引起的腐烂。 (4)整株幼苗：如上所述一个或多个结构不正常或因整个幼苗缺陷引起其正常发育受阻。例如：畸形；断裂；子叶比根先伸出；两株种苗融合在一起；呈黄色或白色；细长；玻璃状；保留着胚乳环圈；初次感染引起的腐烂。

七、发芽测定结果的表示方法及结果计算

发芽测定结束，并对尚未发芽的种子用适当的方法作了鉴定以后，便可对发芽测定结果进行计算。现以一份马尾松种子为例，将发芽测定的结果填入发芽测定记录表中(表 1-5)。

表示种子发芽能力的指标很多，它们的侧重点各不相同，现分述如下：

1. 发芽率

发芽率是指在规定的条件和时间内，生成正常幼苗的种子数占供试种子总数的百分比。发芽率可用下式计算：

表 1-5 林木种子发芽测定记录表

编号：2007001

树种：马尾松　样品号：01　样品情况：完好　测试地点：种子中心发芽测定实验室

环境条件：室内温度：20 ℃ 相对湿度：70 % 测试仪器：名称：光照培养箱　编号：20048396

预处理：40℃温水浸种 24 小时　置床日期：2007 年 3 月 1 日　测定条件：25℃恒温

正常幼苗数								不正常幼苗数	未萌发粒分析							
项目		初次计数				末次计数	合计		新鲜粒	死亡粒	硬粒	空粒	无胚粒	涩粒	虫害粒	合计
项目		3.11	3.16	3.19		3.22										
重复	1	45	21	2		0	68	2	0	24		6				30
	2	51	18	0		0	69	0	0	27		4				31
	3	55	15	0		0	70	1	0	24		5				29
	4	49	16	3		0	68	1	1	22		8				31
平均							69	1	0	24		6				30

组间最大差距：2　容许差距：18　本次测定：有效√ 无效□

测定人：×××　校核人：×××　测定结束日期：2007 年 3 月 22 日

$$发芽率(\%)=\frac{n}{N}\times100$$

式中：n——在规定条件下，规定时间内生成正常幼苗的种粒数；

N——供试种子总数。

发芽率计算到整数，按 GB/T 8170《数字修约法则》进行修约。

发芽率是发芽测定中最重要，也是应用最广泛的种子质量指标。

2. 绝对发芽率

绝对发芽率是指供试种子中饱满种子的发芽率。可用下式计算：

$$发芽率(\%)=\frac{n}{N-a}\times100$$

式中：n——在规定条件下，规定时间内生成正常幼苗的种粒数；

N——供试种子总数；

a——供试种子中的空粒数和涩粒数。

绝对发芽率在生产实际中有一定的意义。假如有两份种子的发芽率都是 80%，其中第一份有 20% 的空粒，第二份有 20% 的死亡粒，则第一份种子的绝对发芽率为100%，第二份种子的绝对发芽率仍为80%。在这种情况下，第一份种子优于第二份种子的可能性很大，第二份种子有可能是陈种子。在科学研究中，也常常将空粒种子去掉，用饱满种子作基数进行比较，以便取得更可靠的研究结果。

3. 发芽势

发芽势是种子发芽数达到高峰时的正常发芽种子的总数占供试种子总数的百分比。发芽势反映的是种子发芽迅速整齐的程度。它是种子品质的重要指标之一。发芽率相同的两批种子，发芽势高的种子品质更好。据观测，发芽势的数值常常接近场圃发芽率。

发芽势的问题是如何确定计算发芽势的期限，即发芽高峰日的确定，目前不同学者还有不同的看法。尽管发芽势这个指标很重要，但由于理解上的原因，发芽势并未得到广泛应用。欧美国家已经停用了这一指标。

4. 平均发芽时间

供试种子平均所需的发芽时间称为平均发芽时间，通常用天来表示，发芽特别快速的种子可用小时来表示。平均发芽时间(MTG)的计算公式如下：

$$\mathrm{MTG}=\frac{\sum d\cdot n}{\sum n}$$

式中：d——从置床之日算起的天数；

n——相应各日生成正常幼苗的种粒数。

平均发芽时间是衡量种子发芽快慢的一个指标。同一树种的两批种子，平均发芽时间短的种子生命力旺盛，种子发芽迅速，播种后出苗早而整齐，场圃发芽率高。

5. 发芽指数

发芽指数(GI)能综合表示一批种子的发芽速度和发芽数量，可用下式计算：

$$\mathrm{GI}=\sum\frac{n}{d}$$

式中：d——从置床之日算起的日数；

n——相应各日生成正常幼苗的种粒数。

发芽率相同的两个种批，发芽指数越高，种批质量越好。发芽指数能在一定程度上表达种子活力的高低。

八、发芽测定的允许误差

发芽测定结束后，所计算的发芽率是四个重复的平均数。通常情况下，四个重复间发芽百分数不太可能相同，为了确定重复间发芽百分数之间的差异是否为随机误差，需要根据表 1-6 对四个重复间的允许误差进行比较。如果各重复间发芽百分数的最大值同最小值的差距没有超过表 1-6 的允许范围，就可以用各重复发芽百分数的平均数作为该次测定的发芽率。

如果超过容许的误差范围，则认为测定结果不正确，需进行第二次测定。第二次测定的结果和第一次测定结果之差符合规定时，则用两次测定的平均数作为发芽率的测定结果。检查的方法是按规定计算两次发芽测定结果的平均数，并在表 1-7 中查出最大容许差距，如此次的结果相差不超过表 1-7 所规定的容许差距，则测定是符合的。如超过容许误差，则应再做测定。

表 1-6　发芽百分率的最大容许差距表

平均发芽百分率		最大容许差距
99	2	5
98	3	6
97	4	7
96	5	8
95	6	9
93 ~ 94	7 ~ 8	10
91 ~ 92	9 ~ 10	11
89 ~ 90	11 ~ 12	12
87 ~ 88	13 ~ 14	13

（续）

平均发芽百分率		最大容许差距
84 ~ 86	15 ~ 17	14
81 ~ 83	18 ~ 20	15
78 ~ 80	21 ~ 23	16
73 ~ 77	24 ~ 28	17
67 ~ 72	29 ~ 34	18
56 ~ 66	35 ~ 45	19
51 ~ 55	46 ~ 50	20

表 1-7　两次测定容许差距表

平均发芽百分率		最大容许差距
98 ~ 99	2 ~ 3	2
95 ~ 97	4 ~ 6	3
91 ~ 94	7 ~ 10	4
85 ~ 90	11 ~ 16	5
77 ~ 84	17 ~ 24	6
60 ~ 76	25 ~ 41	7
51 ~ 59	42 ~ 50	8

九、重量发芽法

在发芽测定中，如果遇到桉属、桦木属和桤木属种子等特小粒种子，由于按常规方法难以提取纯净种子用于发芽测定，可以用重量发芽法测定种子质量。重量发芽法就是称量一定重量的种子用于发芽测定，通常每 0. 1 ~ 0. 25g 为一个重复，共四个重复。种子称量发芽测定的技术条件请见附表 3。测定结束后，测定结果用单位重量样品中的正常幼苗数表示，单位为株/g。计算时，利用表 1-8 检查重复间的差异是否为随机误差。如果四个重复中正常幼苗数的最大值和最小值之差等于或小于最大允许误差，则该次测定可靠，以四个重复的平均数作为测定结果。否则，应重新测定。例如某次测定，四次重复的正常幼苗数分别为106、113、99、118，则四次重复的正常发芽总粒数为436，重复间最大差距为19。查表1-8，发现最大容许差距为43，说明该次测定没有超过容许误差，测定结果合格。

表1-8 称量发芽测定容许误差表

供试样品总重量中的正常发芽种粒数	最大容许差距	供试样品总重量中的正常发芽种粒数	最大容许差距
0～6	4	161～174	27
7～10	6	175～188	28
11～14	8	189～202	29
15～18	9	203～216	30
19～22	11	217～230	31
23～26	12	231～244	32
27～30	13	245～256	33
31～38	14	257～270	34
39～50	15	271～288	35
51～56	16	289～302	36
57～62	17	303～321	37
63～70	18	322～338	38
71～82	19	339～358	39
83～90	20	359～378	40
91～102	21	379～402	41
103～112	22	403～420	42
113～122	23	421～438	43
123～134	24	439～460	44
135～146	25	>460	45
147～160	26		

十、发芽测定中的几个问题

1. 为什么要将完整幼苗的形成作为发芽的标准

要测定林木种子的发芽率，当然要进行发芽试验。但种子萌发到何种程度才被视为正常幼苗，该粒种子才算有发芽能力的种子，却是一个值得科学对待的问题。

GB2772－1999《林木种子检验规程》规定，一粒种子发芽，是指幼苗出现并生长到某个阶段，其基本结构的状况表明它是否能在正常的田间条件下进一步长成一株合格苗木。就是说，必需要等到种子萌发并长成一株完整幼苗，才能认定该种粒为有发芽能力的种子。而我国1981年制订的GB2772－1981《林木种子检验方法》对正常发芽粒作了如下规定：特大粒、大粒和中粒种子的幼根长度为该种粒长度的一半以上；小粒和特小粒种子的幼根长度大于该种粒的长度；竹类种子的幼根至少应同该种粒等长，且幼芽的长度超过该种粒长度的一半。

显然，两项标准对林木种子发芽的定义存在较大的差距。GB2772－1999《林木种子检验规程》的发芽标准高于GB2772－81《林木种子检验方法》的要求，而前者使发芽测定更费时、费工，对检测设备的要求也更高。那么，两者的实质性差别在何处？编者以马尾松种子为对象，做了对比试验，结果如下：

(1)对种子质量非常好的样品，两者的差距不大，如：

对发芽率90%左右的样品，按GB2772－1981《林木种子检验方法》测定的结果发芽率为90%，以GB2772－1999《林木种了检验规程》的规定来衡量，其发芽率也接近90%。

(2)对种子质量一般的样品，两者的差距较大，如：

对发芽率60%左右的样品，按GB2772－1981《林木种子检验方法》测定的结果发芽率为60%，以GB2772－1999《林木种子检验规程》的规定来衡量，其发芽率则明显低于60%。

(3)对种子质量差的样品，两者的差距也不大，如：

对发芽率20%左右的样品，按GB2772－1981《林木种子检验方法》测定的结果发芽率为20%，以GB2772－1999《林木种子检验规程》的规定来衡量，其发芽率也接近20%。

编者还进一步将上述结果与发芽指数进行了比较，结果发现，GB2772－1999《林木种子检验规程》的测定结果与发芽指数的相关性高于GB2772－1981《林木种子检验方法》的测定结果。这说明，GB2772－1999《林木种子检验规程》的测定结果更符合苗木田间生长的实际。特别是对种子质量中等的样品，对田间出苗率的预测效果更好。

基于上述原因，尽管GB2772－1999《林木种子检验规程》对发芽率测定的设备要求更高、时间要求更长，测定工作量更大，但还是采用了较高的发芽标准来评价种子发芽能力。

2. 林木种子发芽测定中特殊问题的处理

（1）有空粒种子的样品，取样时应注意：①使用真空吸头时不要去吸种子，而应将种子随机撒在真空吸头上；②数种子时千万别带主观性。

（2）对大粒种子，如七叶树等可以减少每个重复的种子数量，但应增加重复数。如果发芽箱实在容纳不下，也可选择具有较大空间的人工气候室甚至温室进行发芽试验，但条件要尽可能控制一致。

（3）带翅的种子，如有些槭树属的种子，种翅占有空间大，难随机取样，对这些种子可以切除一部分种翅进行发芽试验。

（4）受微生物感染的种子，易使种子致死，影响测定结果，可以采取如下办法：①经常冲洗，或换发芽床；②使用消毒剂，但有可能影响正常种子的发芽；③有些种子，在置床2～3天后，即在种子周围形成一滩水渍，这类种子经编者试验，发现不能发芽，但极易感染病菌，先清除它们，是清洁发芽床的好办法；④对于受微生物侵染的种子，应设法弄清是否为原生感染，如果为原生感染，则不应清除病斑，应任其自然，如果受病原菌感染的种子仍然可以长出正常幼苗，则该粒种子为具有发芽能力的种子；如果种子或幼苗由于原生病原菌的感染而死亡，则该粒种子为死亡的种子。

3. 关于发芽测定条件的确定

我国是一个植物资源丰富的国家。据统计，我国有木本植物约8000种，这些植物的种子形态各异，萌发特性千差万别。要掌握不同林木种子的萌发规律，必须做大量的试验研究工作。目前，GB2772－1999《林木种子检验规程》只列入了149种林木种子的发芽测定方法（附

表2）。还有大量林木种子的萌发特性需要进一步研究。

林木种子发芽测定的技术条件包括：发芽床、温度、初次计数、末次计数和打破休眠的方法等。对一个具体的树种，这些条件的取得，来自于大量的实验数据。如果一个树种的分布范围很广，必须在整个分布区内均匀布点进行采种，并取得多年的种子样品，然后分别不同条件进行发芽试验，并对试验结果加以分析，最后确定该树种的发芽测定条件。

第五节　生活力测定

一、生活力测定的意义

种子潜在的发芽能力称为种子生活力。种子内部有生命的组织、无生命的组织及其它内含物对某些化学试剂有不同的反应。根据种子的这一特性，可以通过化学试剂染色反应的类型，判断种子潜在的发芽能力。生活力测定的优点是能在短时间内测定种子潜在的发芽能力。因此，可以通过生活力测定来快速估测种子样品的生活力，特别是休眠种子样品的生活力。对发芽测定中的新鲜未发芽种粒，也可通过测定生活力来确定该种粒的死活。

二、种子生活力测定的原理

种子生活力测定的原理就是利用种子某一方面的特性，通过特定的化学试剂产生作用，来区分有生命力的种子和无生命力的种子。

1. 利用细胞透性

细胞死亡后，由于原生质膜遭到破坏，膜透性会大大增大。苯胺染料容易透过死细胞的原生质膜，但不易透过活细胞的原生质膜，根据这一原理，可以通过用苯胺染料染色来测定种子生活力，染色后，着色的种子说明细胞膜的透性好，为死种子；不着色的种子说明细胞膜完整性好，为活种子。常用的染色剂有靛蓝、靛蓝胭脂红和红墨水等。

2. 利用呼吸作用

任何生物有机体的活组织都具有呼吸作用，尽管种子的生命活动十分缓慢，但也要吸进氧气、放出二氧化碳。种子呼吸产生的二氧化碳遇水变成碳酸，如果用中性或碱性试剂来还原或中和碳酸，则可以达到鉴定种子有无生活力的目的。活种子产生二氧化碳，与试剂起反应，种子着色，死种子不产生二氧化碳，不与试剂起反应，种子不着色。常用的试剂有二硝基苯和亚硒酸钠等。

3. 利用活的成分

种子活组织里存在某种成分，如脱氢酶，能与某些试剂起反应，并生成带有某种颜色的产物。因此可根据种子是否起显色反应来鉴定种子生活力的有无。活种子着色，死种子不着色。常用的试剂有氯化三苯基四唑和碘化钾等。

三、生活力测定的主要方法

种子生活力测定因利用的原理不同而有多种方法，但最常见和最可靠的方法是四唑染色法和靛蓝染色法。

1. 四唑染色法

四唑是2,3,5 三苯基氯化四唑的简称,英文名 Tetrazolium chloride，所以也称 TTC。四唑为白色粉末，其水溶液本身无色，当被种子吸收之后，活细胞内的脱氢酶可将其还原成稳定且不扩散的红色物质甲月替，从而使种子中有生命的部位染成红色，而无生命的部位不染色。根据染色的部位及分布状况，可判断种子的生活力。凡种胚染成红色者为有生活力，未染成红色者，种胚活细胞已死亡，为无生活力。如种胚一部分未染色，则需要视胚、胚乳染色的位置和大小来判断种子有无生活力，这需要有经验的种子检验人员来判读。为了便于检验人员判读，本文附表4 列出了 GB2772 – 1999《林木种子检验规程》和1996 年版《国际种子检验规程》中 109 个主要造林树种（属）的四唑染色技术条件和判读标准。

四唑染色法的优点是可靠性高，反应速度快，是目前应用最广泛的种子生活力测定方法。应用四唑图形法不仅可以用来检验种子的生活力，而且可以用来测定种子活力。四唑染色法的不足之处是药品较贵，有时甚至难以买到。

由于四唑水溶液的 pH 值低，因此要用中性蒸馏水（pH 值 6.5 ~

7.0）来溶解。如果蒸馏水 pH 值低于 4，则会因酸度过大而使种子不染色。因此，当蒸馏水的 pH 值不在 6.5～7.0 的范围内时，可将四唑溶于缓冲溶液中，四唑缓冲溶液的配制方法如下：

溶液 A：溶解 9.078g KH_2PO_4（磷酸二氢钾）于 1000mL 水中；

溶液 B：溶解 11.876g $Na_2HPO_4 \cdot 2H_2O$（磷酸氢二钠）于 1000mL 水中。

取溶液 A 两份，溶液 B 三份，即配成四唑缓冲溶液。如欲配制浓度 0.5% 的四唑溶液，则称取 5g 四唑溶于 1000mL 缓冲液中即可。

2. 靛蓝染色法

靛蓝的分子式为 $Cl_6H_8N_2O_2(SO_3)_2Na_2$，英文名 indigocarmine。靛蓝为蓝色粉末，其溶液很容易透过种子的死组织，使其染色，但不能透过活细胞的原生质，活的种胚不染色。根据染色部位和染色程度可以判断种子的生活力。

靛蓝易溶于水，可用蒸馏水配成浓度为 0.05%～0.1% 的溶液应用。如发现有沉淀，可加温促其溶解或将沉淀滤出，另换等量试剂。试剂最好随配随用，并避光保存。靛蓝溶液不宜久放，通常超过半个月就会变质。

靛蓝染色的优点是染色速度快，较准确，价格较低，容易买到。但因为靛蓝染色纯粹是一个物理渗透扩散过程，受损伤的活组织也可能染色，这会影响染色结果的准确性。因此，种子只宜剥胚检验，胚乳的生活力较难测定。

3. 其它染色法

（1）碘－碘化钾法

利用种胚萌发过程中淀粉遇碘变色的原理，来测定种子生活力的有无。由于碘难溶于水，但可用碘化钾加碘，使碘溶解。

试剂的配制方法是：先将 1.3g 碘化钾溶于 100mL 水中，溶解后再放入 0.3g 结晶碘。

前苏联学者契尔诺夫研究了这一方法。他认为松、云杉、落叶松属某些树种的种胚在开始发芽时生成淀粉。因此，浸种后，将种子置于发芽环境中 2～3 天，然后取出种胚，投入碘液，20～30 分钟后取出，就可以根据淀粉的着色反应判断种子的生活力。此法的优点是能把有生活力的种子中发芽的种子和处于休眠的种子分开。其缺点是不易判别染色结果，有的死种子也含有淀粉，给鉴别带来困难。此法的效果远不如靛蓝和四唑染色，因此，目前较少应用。

（2）硒盐法

种子浸种后取出种胚，放在2%的硒酸氢钠（$NaHSeO_3$）溶液中一天。有生活力的种子胚由于具有呼吸作用而被溶液的还原盐染成红色。此法在日本应用较多，适用于种胚白色的松、椴和种胚淡绿色的槭树等种子。

4. 生活力测定的程序

（1）提取测定样品

从净度测定后的纯净种子中随机分别数取4×100粒种子，每100粒为一个重复，共四个重复。

（2）种子预处理

①去除种皮　较易剥掉种皮的种子，可用始温30～45℃的温水浸种24～48小时，每日换水，如杉木、马尾松、湿地松、火炬松、油松、黄山松、米老排、安息香、黄连木、杜仲等。硬粒种子如刺槐、任豆、南洋楹、银合欢等可用始温80～85℃的热水浸种24～72小时，每日换水，换热水前，注意挑出已软化种皮的种子。种皮致密坚硬的种子，如孔雀豆、台湾相思、黑荆树、黑格、白格和漆树等，可用98%的浓硫酸浸种20～60分种，充分冲洗，再用温水浸种24～48小时，每日换水。

②切除部分种子　为了使染色试剂能顺利渗透进入种子，提高染色效果，对一些透性较差或种粒较大的种子，常采用切除部分种子的办法。

横切　为使四唑溶液均匀浸透，可以在浸种后将种子位于胚根相反方向的一端切去$\frac{1}{3}$。如女贞属树种的种子就可以采用这种方法。

纵切　许多树种，如松属和白蜡属树种的种子，可以纵切后染色。即在浸种后，沿平行于胚的方向将种子纵向切开，切口应偏离中轴线，以免伤胚。

取“胚方”　板栗、锥栗、核桃、银杏、七叶树等大粒种子，难以将整粒种子染色，取“胚方”染色是一个可行的方法。取“胚方”是指经过浸种的种子，切取大约1cm^3包括胚根、胚轴和部分子叶（或胚乳）的方块。用“胚方”染色的结果来说明整粒种子的生活力。所以，“胚方”应具有代表性。

（3）染色前处理及染色

种胚取出后放在潮湿的吸水纸或纱布上，用盖子盖好，以免种胚失水丧失生活力。取胚时随时记下空粒、腐烂粒、感染病虫害粒以及其它明显丧失生活力的种子，分别记入生活力测定记录表（表1-9）中。

毛竹种子剥去外稃，浸种24小时后用利刃沿腹沟纵剖，取胚部完整的一半作为染色材料，分组暂时置于潮湿的吸水纸或纱布上。

松类种子浸种1～2天后，剥去外种皮和内种皮，尽量不使胚乳受损伤，分组暂放在潮湿的吸水纸或纱布上。

①四唑染色　染色样品分组浸入四唑溶液中。在30～35℃的黑暗环境中染色，温度过低，会延长染色时间。染色时间因树种而异，短的2～3个小时即可，长的甚至要24小时以上。通常呼吸旺盛的种子所需染色时间短，种粒小的种子所需染色时间短。四唑溶液浓度一般为0.1%～1%。浓度高，反应较快，但药剂消耗量大。浓度低，染色时间较长。要确定具体合适的染色时间，可剖开种子，如胚乳从外向内由红色明显地过渡到无色，表示四唑溶液的渗入尚不充分，应让样品在四唑溶液中再保持一段时间。

染色结束后，可沥去溶液，用清水冲洗种子（种胚），将经过染色的材料分组放在潮湿的滤纸上，保持湿润，以备鉴定。

根据染色的部位、染色面积的大小和同组织有关的染色程度，逐粒判断种子的生活力（图1-3）。具体判断标准因树种而异，见附表4。对没有判定标准的树种，应根据同一样品种子的发芽测定结果来确定该树种的判别标准。

②靛蓝染色　剥出的种胚分组投入0.06%～0.1%的靛蓝溶液中，使试剂完全浸没种胚。如有种胚浮在表面，应将其压沉。染色时间因树种、染色温度而异，一般为2～3小时，少树树种需要染色7～8小时，甚至20～30小时。靛蓝染色的温度通常为30～35℃。

到达染色所规定的时间之后，倒出溶液，用清水冲洗种胚数次，立

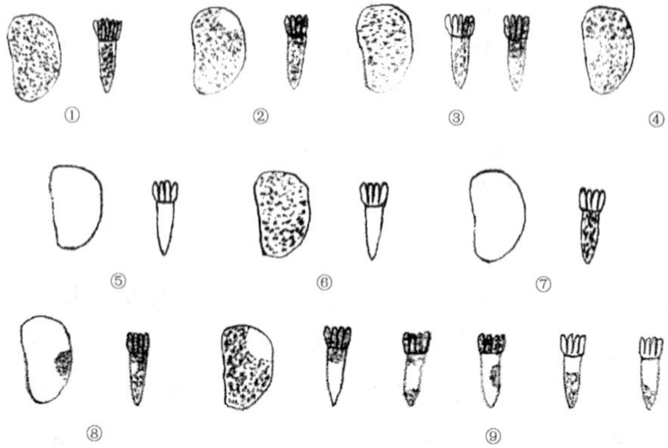

图 **1-3** 松属种子四唑染色测定生活力的判读标准

有生活力种子：①胚、胚乳全部染色；②胚乳少量未染色（少于胚乳的 1/4），胚全部染色；③胚乳全染色，胚根少许未染色或胚轴少许未染色；④胚乳和胚均少许未染色。无生活力种子：⑤胚及胚乳均未染色；⑥胚乳染色而胚未染色；⑦胚乳未染色，胚染色；⑧胚乳大部分未染色，胚 1/3 以上未染色；⑨胚乳小部分未染色，胚根、胚轴未染色、或胚轴成环状染色，或胚轴大部分未染色，或子叶未染色。

（引自孙时轩主编 1992 年版《造林学》）

即将种胚放在垫有潮湿白纸的培养皿中观察鉴定。

根据染色部位和比例大小来判断种子生活力的有无。GB2772－1999《林木种子检验规程》列出了部分树种种子靛蓝染色的判定标准。对没有判定标准的树种，应根据同一样品种子的发芽测定结果来确定该树种的判别标准。

（4）结果计算和表示

测定结果以有生活力种子的百分率表示，分别计算四个重复的百分率，重复间最大容许误差与发芽测定的规定相同。如果各重复中的最大值和最小值没有超过允许误差范围，就用各重复的平均数作为该次测定的生活力。如果各个重复之间的最大差距差值超过表 1-6 规定的允许误差，则与发芽测定同样处理。生活力测定的计算结果应修约成整数。现以一份刺槐种子的测定结果为例，填林木种子生活力测定记录表见表 1-9。

表 1-9　林木种子生活力测定记录表

编号：2007005

树种：刺槐　样品号：02　样品情况：完好

染色剂：四唑　浓度：0.5%

测试地点：国家林业局南方林木种子检验中心实验室

环境条件：温度：25 ℃　湿度：60 %

测试仪器：名称：恒温培养箱　编号：20063197

重复	测定种子粒数	种子解剖结果					进行染色粒数	染色结果				平均生活力%	备注
		腐烂粒	涩粒	病虫害粒	空粒			无生活力		有生活力			
								粒数	%	粒数	%		
1	100			5			95	13	13	82	82		
2	100			6			94	14	14	80	80		
3	100			3			97	12	12	85	85	82	
4	100			5			95	12	12	83	83		
平均													

测定方法：四唑染色法

最大差距：5　容许差距：14

本次测定：有效 √　测定人：× × ×

无效 □　校核人：× × ×

测定日期：2007 年 5 月 20 日

第六节　含水量测定

一、含水量测定的意义

种子中的水分是维持种子生命活动的重要物质，只有在水的作用下，种子的代谢作用才能完成。但种子水分含量过高，会增强种子的呼吸作用，加速种子老化；容易遭受病菌侵染，造成种子发热霉变。对于需要保湿的种子，如果种子失水过多，也会导致种子死亡。为了确保种子的贮藏和运输安全，把种子含水量控制在一定的范围之内非常重要。所以种子含水量是种子质量的重要指标之一，需要适时测定。

种子含水量是指种子所含水分的重量占种子重量的百分率。测定含水量可为种子收购、安全贮藏和调运提供依据。收购时测定种子含水量，测定结果可作为定价的依据，同时也可在一定程度上判断种子是否充分成熟；入库贮藏前测定种子含水量，测定结果可用于确定种子是否符合安全贮藏的标准，只有符合标准的种子才适于贮藏，否则应进一步干燥；贮藏过程中测定种子含水量，是种子贮藏期间的重要管理工作，用于监测种子含水量的变化，防止种子变质；调运前测定种子含水量，根据测定结果采取相应的干燥和包装措施，以保证种子运输期间的安全。

二、种子水分的状态及其对含水量测定的影响

种子中的水分有两种状态：游离水（自由水）和结合水（束缚水）。游离水（自由水）具有一般水的性质，可作为溶剂，0℃能结冰，容易从种子中蒸发出去。所以在测定种子含水量的过程中，如取样、磨碎和称重时，必须操作迅速，尽量避免因操作而引起的水分蒸发，对高含水量的种子尤其应该注意。结合水（束缚水）牢固地和种子中的亲水胶体（蛋白质、糖类、磷脂等）结合在一起，不容易蒸发，不具有溶剂的性质，低温下不会结冰。所以在测定种子含水量时，应适当提高温度，将结合水慢慢蒸发出来，这也是含水量测定需要较长时间的原因。

三、种子含水量测定的方法

1. 低恒温烘干法

此法适用于所有的林木种子，测定结果的可靠性高，是GB2772－1999《林木种子检验规程》中的首选方法。具体测定步骤如下：

（1）取样

从含水量送检样品中尽快分取两份重复的测定样品。根据所用样品盒直径的大小，每份样品的重量为：直径等于或大于8cm的种子10g，直径小于8cm的种子4～5g。分取测定样品时应将样品充分混合，使分取的样品有充分的代表性。样品的称量精度要达到小数点后3位。特大粒和种皮厚的种子，应先从含水量送检样品中随机抽取中间样品50g，其中应至少有种子8～15粒。种子应磨碎或迅速切开或打碎，充分混合

后再提取测定样品。为避免测定误差，应尽量缩短样品在空气中暴露的时间。

（2）烘干

预先烘干样品盒，称取样品盒连同盒盖的重量。将两份测定样品分别放入预先烘干并称重的样品盒中，样品必须在样品盒内均匀铺开。样品装好后，将样品及样品盒（包括盒盖）一起称重。随后，打开盒盖，将样品盒放在盒盖上，置烘箱中烘干。烘箱的温度应控制在 103 ± 2℃，烘干时间为 17h ± 1 小时。一般先用 80℃烘 2 ~ 3 小时，然后用 103 ± 2℃烘干。从温度升到 103℃时开始计时，连续烘 17 小时。达到规定的烘干时间后，迅速盖好样品盒的盖子，放入干燥器内冷却 30 ~ 45 分钟后称重。

（3）结果计算

种子含水量的测定结果通常用种子所含水分的重量占种子总重量的百分率来表示，这实际上是种子相对含水量。种子含水量亦可用种子所含水分占种子干重的百分率表示，称为种子绝对含水量。种子相对含水量和绝对含水量可分别用下面的公式来计算：

$$\text{相对含水量（\%）} = \frac{b-c}{b-a} \times 100$$

$$\text{绝对含水量（\%）} = \frac{b-c}{c-a} \times 100$$

式中：a——样品盒及盖子的重量（g）；

b——样品盒和盖子及样品烘干前的重量（g）；

c——样品盒和盖子及样品烘干后的重量（g）。

如果用同样方法测定纯净种子的含水量，则可用下式计算种子的绝对重量，以避免气干千粒重随空气相对湿度而变化的缺陷。

$$D = \frac{(100-F)\ E}{100}$$

式中：D——1000 粒纯净种子的绝对重量；

E——气干种子千粒重；

F——纯净种子的相对含水量（%）

根据测定结果，分别计算两份测定样品的种子含水量百分率，精确到小数点后一位。现以一份马尾松种子为例，将其相对含水量的测定结果填入表 1-10。

表 1-10 林木种子含水量测定记录表

编号 2007001

树种：马尾松 样品号：01 样品情况：密封包装、保存完好

测试地点：国家林业局南方林木种子检验中心实验室

环境条件：室内温度：20 ℃ 湿度：60 %

测试仪器：名称：烘箱、电子天平 编号：20030301

测试方法：低恒温烘干法

容器号	01	02	
容器重，g	16.177	15.178	
容器及测定样品原重，g	20.709	19.914	
烘至恒重，g	20.311	19.503	
测定样品原重，g	4.532	4.736	
水分重，g	0.398	0.411	
含水量，g	8.8	8.7	
平均	8.8%		
实际差距	0.1%	容许差距	0.3%

本次测定：有效 √ 测定人：×××

无效 □ 校核人：×××

测定日期：2007 年 2 月 25 日

（4）容许误差

根据种子大小和原始水分的不同，两个重复间的容许误差范围为 0.3%～2.5%。具体见下表的规定：

表 1-11 含水量测定两次重复间的容许误差

种子大小类别	平均含水量		
	<12%	12%～25%	>25%
小种子	0.3%	0.5%	0.5%
大种子	0.4%	0.8%	2.5%

注：小种子是指每千克超过 5000 粒的种子；大种子是指每千克少于 5000 粒的种子。

两份样品测定结果差距不得超过表1-11的规定0.5%，否则需重新测定。如第二次测定的差异不超过表1-11的规定，按第二次结果计算水分含量。如第二次差异仍大于表1-11的规定，则从四组中抽出差距小于表1-11的规定的两个组，以其平均数作为测定结果。

2. 高恒温烘干法

为了缩短测定时间，可以采用高恒温烘干法。这一方法的测定程序与低恒温烘干法相同，但烘箱的温度需保持在130～133℃，测定时间只需1～4h。由于高恒温烘干法的温度较高，可能会使种子中的部分有机物氧化，使种子中与糖类等化合物结合的水烘失，造成种子含水量测定结果偏高。因此，高恒温烘干法测定结果的可靠性不如低恒温烘干法，只适于需要快速知道测定结果的情况下应用。必要时，应用低恒温烘干法的测定结果校正。

3. 二次烘干法

此法适用于高含水量的林木种子。一般种子含水量超过18%，油料种子含水量超过16%时，需要采用二次烘干法。二次烘干法的测定步骤如下：

将测定样品整粒在70℃烘箱中预烘2～5小时，取出后置于干燥器内冷却，称重，测得烘干过程中失去的水分，计算第一次测定的含水量。然后将预烘过的种子磨碎或切碎，称取样品重量，用低恒温烘干法或高恒温烘干法测定第二次含水量。由两次测定结果计算种子的含水量。计算公式如下：

$$含水量（\%）=S_1+S_2-\frac{S_1+S_2}{100}$$

式中：S_1——第一次测定的含水量百分数；

S_2——第二次测定的含水量百分数。

4. 水分速测法

为了在种子收购现场能快速获取种子含水量状况的数据，可以用便携式电子水分速测仪测定种子含水量。目前电子水分速测仪的种类很多，基本上都是根据种子介电常数随种子含水量的增减而变化的原理，以同心圆形电容器作为传感器，当传感器中装上种子后，传感器的电容量将随种子含水量的不同而变化，测定出传感器的电容变化量，就能计算出种子的含水量。目前的电子水分速测仪可以直接读出种子含水量的数值，使用起来十分方便。但因树种不同，水分速测仪的测定数值需要用低恒温烘干法的测定结果进行校正。具体校正方法如下：将同一树种的数份不同含水量的测定样品各两两平行地分成两份，分别用电子水分速测仪和低恒温烘干法进行测定，假设测定结果如下：

测定方法	含水量数值					
电子水分速测仪的测定值（X）	6	8	10	12	14	16
低恒温烘干法的测定值（Y）	6.5	8.7	11.0	13.2	15.5	17.0

则可根据实际中测定的电子水分速测仪的测定值（X），用 $Y = 0.18 + 1.07X$ 来计算种子的含水量。

四、含水量测定中的几个问题

1. 样品的代表性问题

为了使样品的测定结果能够尽可能代表种批，含水量测定样品必须单独取样。取样后，样品应密封包装，并以最快速度送往种子检验实验室。种子检验实验室在收到样品后，应尽快开始检验，在检验过程中，应尽量避免种子样品暴露在空气中。

2. 称量精度

测定种子含水量时，如需称量，称量精度应保留到小数点后三位。因此，应使用千分之一以上精度的天平。

3. 种子的切开或磨碎

测定大粒种子的含水量时，应将种子切成小片，再烘干，甚至可以将种子磨碎。但为了确保测定精度，应在切开或磨碎种子前先称重，在切开或磨碎操作中，应避免种子碎片的损失。

4. 种子中挥发性物质的问题

烘干法是含水量测定最可靠的方法。但因为烘干法温度较高，高恒温烘干法的温度达 130～133℃，有些含油量高的种子在这样的温度下干燥时会释放多种挥发性物质，从而使含水量的测定值偏高。因此，对含油量高的种子不宜采用高恒温烘干法，甚至烘干温度只能保持在

80℃，并相应延长烘干时间，可能会得到更好的效果。

第七节　重量测定

一、重量测定的概念及其意义

种子重量是种子品质的重要指标之一，可用千粒重或容重表示。通常使用千粒重，即气干状态下1000粒纯净种子的重量，以克（g）为单位。千粒重能反映种子的大小及饱满程度，是计算田间播种量的依据之一。同一树种的种子千粒重愈大，种子内含有的营养物质也就愈多，其中的空粒也就可能愈少。通常，千粒重大的种子播种后，苗木长势好于千粒重小的种子。

同一树种种子的千粒重因地理位置、海拔高度、立地条件、经营措施、母树状况及结实当年的气候条件等综合因素有关。如祝小科等（2003）的研究发现，不同年龄、不同生境、不同树冠部位和不同果序部位的光皮桦种子千粒重存在极显著差异。不同种源种子的千粒重也有较大差异，分布区偏南的种源通常千粒重较大。如马尾松种子的千粒重变异范围在8.5～13.5g之间，广西的马尾松种子千粒重可达13～14g，而安徽种源的马尾松种子千粒重只有8～9g（汪企明，1994）。丰年的种子往往比较饱满，千粒重大于歉年的种子。

二、种子千粒重的测定方法

种子千粒重的测定方法有百粒法、千粒法和全量法。其中最常用的是百粒法。

1. 百粒法

百粒法是国际上广泛应用的方法。其优点是便于采用真空数粒仪数种，同时，用该法测定千粒重后的种子可以直接置床用于发芽测定。百粒法测定千粒重的步骤如下：

（1）测定样品的提取

把净度测定所得的纯净种子铺在光滑洁净的桌面上，用四分法或随机原则的其它方法提取所需数量的样品。为了保持取样的随机性和准确性，数粒时，可将种子每5粒放成一小堆，共20小堆为一个重复。或将种子每10粒组成一小堆，共10小堆为一个重复。如果用数粒仪数种子，不能用真空数粒头直接吸取种子，因为这样吸取的空粒或瘪粒可能偏多，影响样品的代表性。解决的办法是随机取适量种子撒在真空数粒头上。每次抽取的种子样品为100粒，8次重复。

（2）称量

将随机抽取的8个100粒种子分别称量，并记下读数。各重复称量精度同净度测定时的精度。

（3）计算千粒重

根据8个重复的重量计算平均重量，标准差及变异系数。公式如下：

$$\text{各重复的平均重量} = \sum \frac{X}{8}$$

$$\text{标准差}(S) = \sqrt{\frac{n(\sum X^2) - (\sum X)^2}{n \times (n-1)}}$$

式中：X—— 各重复重量（g）；

n—— 重复次数；

Σ—— 总和。

$$\text{变异系数} = \frac{S}{x} \times 100$$

式中：S 为标准差；

x 为100粒种子的平均重量。

$$\text{千粒重} = x \times 10$$

（4）测定误差检查

种粒大小悬殊的种子，变异系数不超过6.0，一般种子的变异系数不超过4.0，即可按8个重复计算测定结果。如果变异系数超过上述限度，则应再数取8个重复，并计算16个重复的平均数和标准差。凡与平均数之差超过二倍标准差的各重复略去不计。剩余重复的平均重量乘以10（10×x），即为种子的千粒重，其精度要求与净度测定的称量精度相同。现以一份马尾松种子样品为例，将千粒重的测定结果填入表1-12。

表 1-12　林木种子重量测定记录表

编号 2007001

树种：马尾松　　样品号：01　　样品情况：完好

测试地点：国家林业局南方林木种子检验中心实验室

环境条件：室内温度：20 ℃　　湿度：65 %

测试仪器：名称：电子天平　　编号：20040591

测试方法：百粒法

重复号	1	2	3	4	5	6	7	8	9	10	11	12	13	14	15	16
x，g	1.096	1.046	1.022	1.039	1.030	0.978	1.111	1.032								
标准差（s）	0.042															
$\bar{x}$	1.044															
变异系数	4.0															
千粒重，g $10\times\bar{x}$	10.44															

第　　组数据超过了容许误差，本次测定根据第　　组计算。

本次测定：有效 √　　测定人：×××

无效 □　　校核人：×××

测定日期：2007 年 2 月 20 日

2. 千粒法

种粒大小或轻重极不均匀的种子可以用千粒法。

将净度分析所得全部纯净种子用四分法区分。从每个三角形中随机数取 250 粒，组成 1000 粒，共数取两组，即为两次重复。

分别称量两个重复的重量，并记下读数。称量精度同净度测定。计算平均数。如两次重复之间的差异超过此平均数的 5%，应重做。如第二次测定仍超过误差，则以四组的平均数作为测定结果。

种子千粒重在 50g 以上，可以 500 粒为一次重复；千粒重超过 500g 的可以 250 粒为一次重复，但都仍需两次重复。经称量并检验误差后折算成千粒重。

3. 全量法

如纯净种子少于 1000 粒，可将全部纯净种子称重后换算成千粒重，并注明测定方法。一些珍稀树种可能出现种子不够的情况，可以采用全量法测定种子千粒重。

第八节 优良度测定

一、优良度测定的目的意义

优良度测定的目的就是在收购种子时，根据种子外观和内部状况尽快鉴定出种子质量，从而确定种子的使用价值和价格。优良度测定的优点是方法简便，不需要复杂仪器设备，测定速度快，能在短时间内得出测定结果。对于休眠期长，目前又无适当方法测定其生活力的种子，也可以测定种子的优良度。发芽测定结束时如有种粒尚未发芽，需要用优良度测定中的切开法作补充鉴定。

测定种子优良度时，优良种子同空粒，腐坏粒的特征有明显的区别，很容易区分。但一些中间状态的种子能否算作优良种子，则往往因各人的主观因素而有较大的出入，鉴定标准往往不容易统一，从而影响测定结果的可重复性。

优良度可以在一定程度上说明种子的发芽率，但由于种子在发芽过程中还受其他因素影响，具备发芽能力的种子，并非全部都可以正常发芽。因此，优良度的测定结果常高于发芽率的测定结果。新采收的种子，特别是大粒种子，成熟的、饱满的和发育良好的种子，一般都能发芽，因此，优良度的测定结果与发芽率的测定结果较为接近。由此可见，优良度测定更适用于新采收的种子和大粒种子。如果经验丰富，松、杉之类的小粒种子也可以用这种方法鉴定。

二、种子外部性状和质量的总体评定

与种子质量相关的种子外部性状是多方面的，通过对这些性状的总体评定，能迅速对种子质量的好坏作出判断。种子外部性状和质量的总体评定可从外观、色泽、硬度和夹杂物等方面来进行，现分述如下：

1. 种子的干湿程度

可用牙咬、手捏、眼看和耳听等方法判断。凡干燥的种子，颜色较鲜亮，有光泽；用手搅动时，能听到清脆的沙土声；用手插入种子堆时，感到种子光滑而硬，容易插入底层；使种子由高处落下时，声音响亮而急速；牙咬时压力较大，声音清脆，粒质坚硬，断面光滑。

含水量较高的种子，用手搅动时，声音低闷；用手插入种子堆时，感到种子有热气或潮气，不容易插入底层；使种子由高处落下时，声音较沉闷；牙咬时，种子发软，甚至咬扁了也不碎。

2. 种子的色泽

新鲜饱满的种子有正常的光泽，陈种子或坏种子颜色暗晦，无光泽。一般成熟而干燥的种子颜色较深，有光泽，未成熟的种子颜色较淡。受虫害、霉菌侵害的种子暗淡无光，呈青灰色或灰白色。种子在潮湿状况下贮藏的，成暗晦色。因发热而损伤的种子，会表现出不同程度的红色。

3. 种子的气味

气味与种子质量关系密切。新鲜种子具有清香气味，陈种子有仓库气味，发霉的种子有霉味。

4. 种子的质地

通常新鲜的种子质地较脆，而陈种子则较绵。含油和含水较多的种仁柔软，经干燥或贮藏后，水分和油分减少，种仁硬化，抗压力增大。

三、优良度测定的方法与步骤

1. 样品的提取和整体观察

从纯净种子中随机抽取 400 粒种子，种粒大的提取 200 粒或 100 粒，分成四组。提取前先对种子的外部性状进行观察，例如：种粒是否饱满整齐，颜色和光泽是否新鲜正常，是否较潮，有无异常气味，有无感染霉菌，有无虫孔，有无机械损伤等。

2. 测定方法

优良度测定的方法很多，有解剖法、挤压法、压轴法、透明法、比重法、爆炸法等，其中应用最广泛、可靠性最好的方法是解剖法。因此，现对解剖法作详细介绍：

为了使种子内部状况表现得更加明显，种子解剖前，可根据种子的吸水速度分别浸种 2 ~ 4 天，然后分别逐粒纵切，仔细观察种胚、胚乳或子叶的大小、色泽、气味以及健康状况等。凡内含物充实饱满，色泽新鲜、无病害、虫害或受虫害极轻的都是优良种子。凡是病虫害较重，或受害虽然不重，但出现在要害部位的种子，空粒、无胚的以及发育不全的种子，应归为低劣种子。由于不同树种种子性状的多样性，具体测定一个树种的优良度时，优良种子和低劣种子的判断标准可能不完全相同，需要视不同种子的具体情况而定。附录8列出了主要造林树种优良种子的判别标准。

3. 树种举例

鉴定优良度的关键在于熟悉检验对象新鲜健全种粒的感官表现，以下略举几例：

（1）红松——新鲜种子种壳浅红棕色，有光泽；催芽过程中种壳光泽消失，呈栗褐色，早采的种子外壳黄白色；优良种子内含物饱满充实，有弹性，胚乳表面浅黄色，剖面浅黄绿色，干后乳黄色至蜡黄色；胚呈浅黄绿色。胚在催芽过程中逐渐伸长肥大，占满整个胚腔，优良种子咀嚼时有香味。

（2）银杏——新鲜种子外壳（中种皮）黄白色，有光泽；内种皮紧贴胚乳，内含物饱满充实，有弹性，胚乳外表乳黄色，有光泽；胚乳纵切黄绿色，有汁液；胚肥大，乳黄色。银杏常有无胚种子。

（3）油桐——种壳锈褐色；内种皮纸质粉白色；内含物充实饱满，有弹性；胚乳纵切面乳白色或乳黄色；子叶纸质，白色，充满胚腔。油桐除了空粒以外，也常有无胚种子，或胚相当瘦小。

（4）油茶——无胚乳，内种皮紧贴子叶；子叶肥厚，乳黄色饱满充实，有弹性；子叶切开后面略有汁液；过度失水则子叶干缩，呈蜡黄色，胚芽极细小，位于两个子叶叶柄之间；常有病菌侵蚀子叶内部，如受害部位远离胚芽，往往仍能发芽。

（5）麻栎——优良种子种粒饱满，子叶硬而有弹性，浅黄白色或略带红色。胚芽、胚根正常，异常颜色或受害面积不超过子叶的1/4，未发芽或虽发芽较短，无虫害。

低劣种子子叶较软、干缩、无弹性，靠近胚部有条纹或病斑，且其面积超过子叶面积的1/4。已发芽，芽长而干缩不能断续生长。受热产生酒味，或子叶变褐色，有虫害。

（6）马尾松——优良种子：种粒饱满，胚、胚乳白色，有松脂香味。

低劣种子：空粒或有胚乳无胚，胚乳淡黄色透明，皱缩或腐烂，发霉有油味。

（7）落叶松之类的种子含有油质，有些地方因而发展出一种简单快速的“压油法”来鉴定优良度。压油法的操作如下：

在一块玻璃板上放一张白纸，在纸上整齐地排放随机抽取的100粒种子，再盖一张白纸，覆以玻璃板并用力下压，使种粒破碎。检查上下两张白纸上的油渍，只要在任一张纸上留下油渍，便视为优良种子。

（8）桦木种子（翅果）可用下述方法检查优良度。

①将种子用酒精浸泡一昼夜，置甘油中2～4小时，取出排放在两张玻片之间，对着亮光容易区别出正常种子和空粒种子。

②将种子煮沸片刻，取出用两张玻片挤压，能压出内含物，为优良种子，从空粒种子中只能压出水来。

4. 结果计算

优良种子数占供检种子数的百分比称为种子的优良度。下面以一份杉木种子为例，将优良度的测定结果填入表1-13。

表1-13　林木种子优良度测定记录表

编号：2007010

树种：杉木　　样品号：01　　样品情况：完好

测试地点：国家林业局南方林木种子检验中心实验室

环境条件：温度：20℃　　湿度：70%

测试仪器：名称：无　　编号：无

<table>
<tr><th rowspan="2">重复</th><th rowspan="2">测定种子粒数</th><th colspan="6">观察结果</th><th rowspan="2">优良度%</th><th rowspan="2">备注</th></tr>
<tr><th>优良粒</th><th>腐烂粒</th><th>空粒</th><th>涩粒</th><th>病虫粒</th><th></th></tr>
<tr><td>1</td><td>100</td><td>45</td><td></td><td>3</td><td>52</td><td></td><td></td><td>45</td><td></td></tr>
<tr><td>2</td><td>100</td><td>48</td><td></td><td>2</td><td>50</td><td></td><td></td><td>48</td><td></td></tr>
<tr><td>3</td><td>100</td><td>42</td><td></td><td>4</td><td>54</td><td></td><td></td><td>42</td><td></td></tr>
<tr><td>4</td><td>100</td><td>44</td><td></td><td>3</td><td>53</td><td></td><td></td><td>45</td><td></td></tr>
<tr><td>平均</td><td></td><td></td><td></td><td></td><td></td><td></td><td></td><td></td><td></td></tr>
<tr><td colspan="2">实际差距</td><td colspan="2">6</td><td colspan="2">容许差距</td><td colspan="4">19</td></tr>
<tr><td colspan="10">测定方法：解剖法</td></tr>
</table>

本次测定：有效　√　　　　测定人：×××

无效　□　　　　校核人：×××

测定日期：2007年3月10日

优良度先按组计算，以四组的算术平均值作为该批种子的优良度。其误差标准与发芽测定容许误差相同。计算公式为：

$$\sum \% = \frac{\sum (e^{4}_{i \atop i-1} \times 100)}{4}$$

式中：$\sum (\%)$ ——种子的优良度；

e——各组优良种子数；

N——各组供检种子数。

第九节　X 射线检测

一、X 射线检测概述

X 射线法检测的原理是利用 X 射线能穿透林木种子，并在感光材料上形成种子内部结构图像的特点，用以判别种子的饱满程度。如果应用衬比技术，则可以测定种子的发芽能力。

国外在这方面的研究开展较早，最早的报道可追溯到 Lunstrom（1903）对农业种子的研究。20 世纪 50 年代，瑞典农业大学的 Simak 等人开始系统地开展 X 射线快速测定林木种子生活力的研究。他们的研究成果受到了世界林木种子界的普遍关注，并在世界范围内得到了推广。这一技术现已列入 1993 年以后的《国际种子检验规程》。

在我国，陈幼生、吴琼美（1979）首先发表 X 射线研究林木种子品质初报，并提出了一些林木种子的射线摄影条件及其应用前景。此后，用 X 射线法测定种子发芽能力在我国得到了广泛研究。目前 X 射线检验已作为林木种子质量快速测定的方法之一，列入 GB2772 – 1999《林木种子检验规程》中。

X 射线测定林木种子生活力可以分为两部分：一部分是直接射线摄影法，另一部分是衬比射线摄影法。应用直接射线摄影法不仅可以检测林木种子的发育状况和饱满程度，还可以检测种子受机械损伤、虫害等情况。用该法判断新鲜种子的潜在发芽能力，具有很高的准确性，但对于陈年老化的种子，则该法有一定局限性。为了测定老化种子的生理品质，Simak（1957）提出了X射线衬比摄影法（简称XC法）来测定欧洲赤松种子的潜在发芽能力。他选用的衬比剂是$BaCl_2$。X射线衬比法的依据是生物膜具有选择透性，种子的死亡组织由于丧失了选择透性的能力，被衬比剂浸渗。因为衬比剂能强烈吸收X射线，因而被浸渗的组织在射线照片上呈现密度反差，根据种子浸渗程度，可以确定种子的潜在发芽能力。目前可用作X射线衬比法的衬比剂有三类：一类是液态衬比剂，如$BaCl_2$、KI、NaI、KBr、$NgNO_3$等。第二类是气态衬比剂如$CHCl_3$等。第三类是水。

X射线检测的优点是检测速度快，无损，能分辨饱满粒、空粒、机械损伤粒、虫害粒等。特别适于检测新鲜种子，在种子科学研究中也有重要作用。X射线检测的不足之处是技术和设备都较为复杂，在基层推广有一定的困难。

二、X射线检测的原理

1. X射线简介

X射线于1895年11月8日由德国科学家伦琴发现。该射线是电磁波谱中以光速移动的电磁波，但X射线的波长只相当于光的波长的1/10000～1/100000。X射线的显著特点是穿透能力强，能用于拍摄物体的内部结构，从而在许多领域得到广泛应用。如医疗上可用于诊断病灶，工业上用X射线进行无损探伤，车站、机场用于检测危险物品，种子工作者用于观察种了内部结构，用以判别种子质量等。

X射线的穿透能力与波长成反比。高能量的X射线波长较短，适合于拍摄大而致密的物体。低能量的X射线波长较长，适合于拍摄小的物体。种子属于较小的物体，拍摄种子的X射线波长较长，能量较低，穿透能力较弱，通常称为软X射线。

2. X射线检测的原理

种子放在低能量X射线源和感光胶片（或相纸）之间。种子各种组织吸收的X射线量不同，取决于他们的厚度和密度。光敏成像乳胶被激活的程度随所接受的辐射量而异，由此造成潜像。冲洗胶片或相纸，便会形成明暗深浅不同的可见图像。

三、X射线检测的技术参数

X射线的摄影效果取决于许多因素，其中主要参数有电压、电流强度、曝光时间、焦片距和物片距等。由于林木种子的多样性，不同种子的拍摄条件有较大差异，应视种子的大小和致密程度而异。通常电压在5～30kV之间，电流强度3～15mA，曝光时间5～60s，焦片距25cm左右。现将各个参数的具体情况分述如下。

1. 电压（kV）

电压是X射线管中两个电极之间电位的度量。提高电压会生成波长较短的X射线，增强射线的穿透能力。因此，电压的高低决定射线能否穿透被拍摄种子，拍摄大粒种子时，应适当提高电压。另外，电压影响图像的反差，较低的电压会改善分辨率，较高的电压则降低密度差。

2. 电流强度（mA）

电流强度是X射线管施加的电流的度量。提高电流会增加一定时间内生成的X射线的数量。电流影响图像的密度，但不影响图像的反差。电流太高会使图像曝光过度。

3. 曝光时间（s）

曝光时间是拍摄射线图像时样品接受X射线的时间。调整曝光时间会改变图像密度。一定的曝光量所需的毫安数同曝光时间成反比。因此，曝光量应当用毫安秒（mAs）来表示。为了保持相同的图像质量，增加曝光时间必须相应地降低电流。

4. 焦片距（FFD）

焦斑（即电流靶）同胶片（或相纸）表面之间的距离称为焦片距（FFD）。加大焦片距就会按平方反比定律降低辐射的强度。因此，如果将FFD加倍（2FFD），就要将曝光量增加4倍（4mAs），才能在胶片或相纸上得到相同程度的图像密度。

5. 物片距（OFD）

被摄物体同胶片表面之间的距离称为物片距（OFD）。物片距影响图像质量，距离越大，细部越模糊，图像质量越差。因此，物片距越小越好。如果要求细部清晰，种子可以直接放在胶片或相纸表面进行拍

摄。有时胶片保藏在暗袋里进行拍摄，以便于操作。

四、X 射线检测的方法和步骤

1. 提取种子样品

射线检测采用 4 个重复，每个重复 100 粒种子，都从纯净种子中提取，提取方法与发芽测定相同。大粒种子也可采用 4 ×50 粒或 4 ×25 粒种子。

2. 拍摄操作

先将胶片或相纸装入暗盒或暗袋，使用托板，将种子均匀地排放在装有胶片或相纸的暗袋（暗盒）上，或将种子直接均匀地放在相纸或胶片上。为了方便定位观察，种子可以先均匀地粘在胶带纸上，再放在相纸或胶片上，等待拍摄。为了区分样品，可在胶片或相纸上摆放铅字或不透 X 射线的其它标记物。

拍摄在黑暗的情况下进行。拍摄前，根据种子的大小和密度调好电压、电流和曝光时间等参数，曝光拍摄。

3. 照片冲洗

经射线照射感光后的胶片或相纸，按一般洗相程序在暗室中进行显影和定影，即可得到同实物等大的负片或正片。如有需要，也可以将负片按一般照相技术印晒或放大成正片。

4. 图像判读

图像判读就是根据射线图像显示的种子内部结构将种子区分为饱满粒、空粒、虫害粒和机械损伤粒等，以别估测种子的质量。胶片通常需要在观测灯下观测，相纸可以直接观测。判读时，存在一定的主观性，因此，需要有经验的人员完成。

5. 结果报告

X 射线检测的结果以饱满种子、空瘪种子、虫害种子或物理损伤种子的百分率来表示，填入林木种子质量检验证书的“其他测定”栏目内。

五、X 射线在林木种子质量检测中的应用

1. 检查种子的发育程度

种子在生长发育过程中可能因各种原因而形成空粒、半饱满粒和涩粒等，这些种子与发育良好的饱满粒在外观上常常没有明显区别，甚至比重的差别也不大，因此往往难以区分。而通过 X 射线摄影技术却能将不同发育程度的种粒快速、准确地区分出来。在测定种子的某些生理指标之前，如果用 X 射线法事先剔除空粒和涩粒等发育不良的种子，用饱满种子进行测定，则会使测定结果的可重现性大大提高。

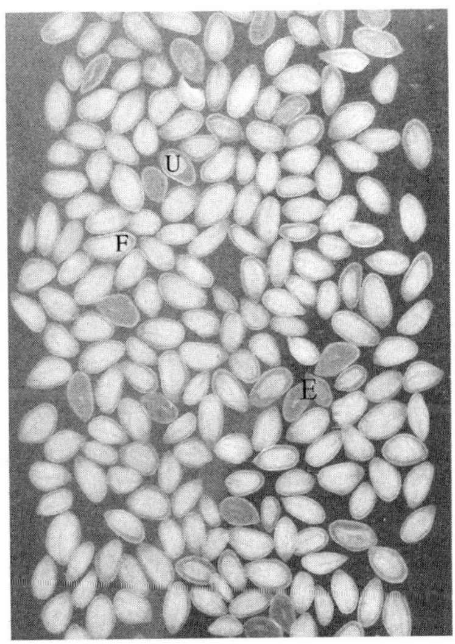

图 1-4　油松种子 X 射线摄影图片

F：饱满粒 E：空粒 U：发育不良粒

2. 检查种子的机械损伤

在采种、调制和包装运输过程中，由于人为或工具的机械作用，甚至由于干湿的急剧变化，种皮甚至种子内部结构都可能受到程度不同的机械损伤。通过 X 射线检测，种子内部的这些损伤能够清晰地检测出来。

3. 检查种子感染虫害的情况

感染虫害的种子在外形上与正常种子往往没有明显差别。通常只有

逐粒剖开种子才能检查出其中隐藏的虫害。但如果采用软 X 射线摄影技术，则可以在 X 射线摄影所形成的图像上清晰地判别出种子中有无害虫，可以分辨出虫体所处的发育阶段，还可以观察到种子的受害部位和害虫的排泄物。

利用 X 射线法检查种子受虫害情况的突出优点在于不用损坏种子，不用破坏昆虫的生活环境，因而有可能对种子虫害的发育进程进行系统的跟踪观察。

4. 检查果实中种子的数量

利用 X 射线摄影技术，能够在不损伤果实的情况下查出每个果实中的种子粒数，为预测种子产量提供依据。

5. 估测种子的发芽能力

种子的发芽能力与种子的发育状况密切相关，特别是新鲜种子，这种相关性更加可靠。根据 X 射线照片显示的种子图像，可以判断种子的发育状况，由此估测种子的发芽能力。何利平（2001）根据种胚的发育状况，将油松种子分为 4 级：

Ⅰ级　种子发育完全，胚充满胚腔，一般胚占胚腔的 3/4 以上，胚根和子叶清楚，胚乳发育良好且充满种腔，对 X 射线吸收良好，图像明亮，包围着胚。种子发芽力强。

Ⅱ级　接近Ⅰ级种子，但胚占胚腔的 1/2～3/4，不如Ⅰ级饱满。种子具有发芽能力。

Ⅲ级　胚占胚腔 1/2 以下，胚乳发育不良，不能充满胚腔，常表现为萎缩或畸型，吸收 X 射线较Ⅰ级差，图像略暗，虽能发芽，但幼苗不健壮。

Ⅳ级　无胚及胚乳，或无胚有胚乳，有胚无胚乳，以及胚乳和胚受损，有虫等，无发芽力。

根据以上分级来估测种子的发芽能力，与种子的实际发芽率非常接近，说明这一方法的可行性。

虽然上述方法应用于新鲜种子的可靠性很高，但对于久经贮藏或已经老化的种子，则直接射线摄影法有其局限性。因为老化种子中可能存在大量饱满死亡的种子，这类种子在 X 射线图像上仍可以表现出与新鲜的、活力高的种子完全相同的内部结构。

为了区分饱满有生命力种子和饱满死亡种子，瑞典种子科学家 Simak 和 Kamra 提出衬比射线摄影技术。衬比技术是根据死种子与活种子细胞膜透性的不同，利用能强烈吸收 X 射线的试剂作为衬比剂，将种子充分浸渍后，因死亡种子与活种子细胞膜透过的衬比剂的量差异很大，造成其对射线的吸收量不同，形成不同的 X 射线图像，达到区分饱满有生命力种子和饱满死亡种子的目的。衬比射线摄影能得到与发芽率测定相当的测定结果，但具有测定时间短，测定方法简便的优越性。目前主要有三种衬比方法，现简单介绍如下：

（1）水衬比法

测定原理　种子在培养过程中充分吸水，然后进行干燥，这时有生活力与无生活力的种子持水能力存在很大差异。生活种子保持水分能力很强，失水慢；死亡种子则相反。由于水对 X 射线的吸收能力很强，因而生活种子与死亡种子含水量的差异能在射线照片上形成反差。据此可以测定种子的发芽能力。

测定程序　种子在潮湿的滤纸之间用 15℃ 培养 3 天后，在 22℃、相对湿度 30% 的条件下干燥约 2 小时，随即作射线摄影。活种子射线图像的特征是含有足够的水分因而强烈吸收 X 射线，图像密度低而均匀，胚、胚乳及种皮之间无法区分。相反，死种子或生活力弱的种子，因不能保持足够的水分而呈现高的光学密度，解剖结构的各个细部表现清晰。

用水作衬比剂有其独特的优点，因为水在自然界广泛存在，对种子无生理伤害。

（2）液态衬比剂衬比法

测定原理　$BaCl_2$ 或 KI 等液态衬比剂能强烈吸收 X 射线。种子在液态衬比剂中浸渍后，死种子因为细胞膜受到破坏，衬比剂很容易进入细胞内，而活种子由于细胞膜的保护，衬比剂难以进入细胞内。死种子因吸收大量衬比剂而使射线图像密度低而均匀，分辨不出细部结构。相反，活种子没有或少量吸收衬比剂，射线图像呈现高的光学密度，解剖结构的各个细部表现清晰。

测定程序　种子先用自来水浸种 16 小时，待表面干燥后，置于有衬比剂的饱和溶液中 1 小时。将浸过衬比剂的种子用流水冲洗约两分钟，然后在70℃下干燥约2小时，最后作射线摄影。

（3）气态衬比剂衬比法

气态衬比剂衬比法的原理与液态衬比剂衬比法相同。通常用三氯甲烷气体作衬比剂。不同的树种，对液态和气态衬比剂的种类具有选择性。如欧洲赤松适于选择 $BaCI_2$ 做衬比剂；欧洲云杉适于选择 KI 做衬比剂；三氯甲烷能用于松类种子。

第十节 林木种子生活力离体胚测定

一、林木种子生活力离体胚测定的目的

林木种子生活力离体胚测定是指将胚分离，放在规定的条件下培养3～10天，根据培养后胚的生存状况来判定种子是否具有生活力。与发芽率测定相比，离体胚测定不仅可以大大缩短测定时间，而且可以不经打破休眠的处理，直接测定具有休眠习性林木种子的生活力。因此，对一些发芽缓慢或具有休眠特性的林木种子，采用离体胚测定，在生产上具有重要的实际意义。

二、林木种子生活力离体胚测定的原理

将胚分离，放在规定的条件下培养3～10天。有生活力的胚，保持坚硬新鲜的状态，或有生长迹象（如吸水膨胀、伸长或变绿），或已经生长和分化（如胚根伸长，长出上胚轴和子叶）；而无生活力的胚，则表现为腐烂的症状。

三、林木种子生活力离体胚测定的程序

1. 提取测定样品

测定需要400粒纯净种子，4次重复，每重复100粒。取样时至少应从经净度分析后的纯净种子中随机取得425～450粒种子，以便有足够的种子来弥补在剥胚过程中可能损伤的胚。

2. 预处理

某些需要用机械划破或化学销蚀种皮的林木种子，必须在浸种前进

行适当处理。一些坚硬的内外果皮也应设法去除。果皮或种皮处理后，按附表 6 规定的条件浸泡种子，每 24h 换水 1 次。浸泡后用 1% 双氧水消毒 30min 或 2% 次氯酸钠消毒 10min，再用清水冲洗 2 次。

3. 胚剥离

检测器具和工作台面应进行消毒。用解剖刀或刀片从吸胀种子中剥离出胚，放在培养器皿中无毒、湿润的滤纸、纱布或脱脂棉上，整个操作过程应保持湿润。注意剥离过程中不要伤及种胚，分离时受损伤的胚应舍弃，用提取的测定样品中多余的种子补充。剥离时发现的空粒、无胚粒、腐烂粒和病虫害粒均计为无生活力种子。

4. 培养

根据附表 6 规定的培养条件和培养时间及时对胚进行培养，每天观察，对次生感染的胚用蒸馏水清洗后重新放回培养器皿中，拣出腐烂胚。如果试验样品被霉菌严重感染，则需进行重新测定。

5. 鉴定

下列类型为有生活力的胚：

（1）保持新鲜，体积有所增大，呈现白色、绿色或黄色；

（2）一片或几片子叶呈现生长或变绿；

（3）正在发育的胚；

（4）针叶树的下胚轴呈弯曲状；

（5）由于分离造成的机械损伤组织局部变色的胚。

下列类型为无生活力的胚：

（1）很快被霉菌严重感染、劣变或腐烂的胚；

（2）呈深褐色或变黑色、暗淡的灰色或白色水肿状的胚。

6. 结果计算和表示

根据供检种子总数计算生活力，用有生活力的总胚数占供检种子总数的百分率表示。结果精确到整数。将结果填入表 1-9《林木种子生活力测定记录表》，在备注栏注明使用离体胚法测定。

第十一节　林木种子质量检验证

林木种子质量检验证是种子经营中维护有关各方合法权益、协调种子贸易纠纷，确定种子播种价值的证书。林木种子质量检验证书在林木种子经营过程中具有重要的作用。

林木种子质量检验证书包括送检人对送检样品一般情况的陈述、样品的基本情况以及种子净度、发芽率、生活力、优良度、含水量、千粒重、病虫害感染度等内容。

林木种子质量检验证书必须由具有检验资格的权威检验机构来签发。根据抽样人的不同，林木种子质量检验证有两种类型，即种批质量检验证书和种子样品质量检验证书。

一、种批质量检验证书

送检样品由授权的检验机构自身或在其监督下，按 GB2772－1999《林木种子检验规程》的程序和方法从种批中抽取送检样品，由授权的检验机构检验后签发的质量检验证书为种批质量检验证书。签发种批质量检验证书时，该种批的每个容器必须由授权的检验机构封缄，并标有与种批质量检验证书上相同的标记或编号，能清楚地表明种批质量检验证书所指的是哪些内容。签发种批质量检验证书后，如果该批种子被分别调往不同的用种单位，所签发的种批质量检验证书不能用作各用种单位的种子质量证明。现以一份马尾松种子为例，填写如表 1-14 所示种批质量检验证书。

表 1-14　种批质量检验证书

编号 2007001

据送检人陈述

树种中文名：马尾松　树种学名：*Pinus massoniana*　产地：江西省吉安市青原区

送检人：江西省吉安市林木种苗站　单位地址：江西省吉安市阳明东路 1 号　邮政编码：343000

正式报告

抽样、封缄单位和人员：国家林业局南方林木种子检验中心　×××

种批标记：

种批封缄：

种批重 Kg	容器名称	容器件数	抽样日期	样品重 g	样品编号	样品收到日期	检验结束日期
500	塑料编织袋	20	2007-02-14	85	01	2007-02-15	2007-03-25

检验结果

被检树种中文名：马尾松　　树种学名：*Pinus massoniana*

净度测定			发芽测定						千粒重 g	含水量%	生活力%	优良度%	病虫害感染度%
%			天数	%									
纯净种子（即净度）	夹杂物	其他种子		正常幼苗（即发芽率）	不正常幼苗	新鲜粒	硬粒	死亡粒					
1	2	3	4	5	6	7	8	9	10	11	12	13	14
92.9	4.7	2.4	21	69	1	0	0	24	10.44	8.8	—	—	—
分级依据：净度、发芽率、含水量								质量等级：三级					
备注													

检验机构全称：国家林业局南方林木种子检验中心　　主检人：×××

地址：南京市龙蟠路新庄159号　　校核人：×××

邮编：210037　　技术负责人：×××

电话：025-85427403　　签发日期：2007 年3 月28 日

检验机构（章）

二、种子样品质量检验证书

授权的检验机构对非自身或未在其监督下抽取的送检样品，经检验后所签发的质量检验证书为种子样品质量检验证书。签发种子样品质量证书后，检验机构只对送检样品负责，不对送检样品的代表性负责。种子样品质量检验证书的式样如表1-15所示。

表 1-15　种子样品质量检验证书

编号 2007001

据送检人陈述

树种中文名：马尾松　树种学名：*Pinus massoniana*　产地：江西省吉安市青原区

种批编号	种批重，kg	容器件数	抽样日期	送检样品号
20070102	85	20	2007-02-14	01

送检人：江西省吉安市林木种苗站　单位地址：江西省吉安市阳明东路 1 号　邮政编码：343000

正式报告

样品编号	样品封缄	样品重，g	样品收到日期	检验结束日期
01	吉安林木种苗站	85	2007-02-15	2007-03-25

检验结果

被检树种中文名：马尾松　树种学名：*Pinus massoniana*

净度测定			发芽测定						千粒重 g	含水量%	生活力%	优良度%	病虫害感染度%
%			天数	%									
纯净种子（即净度）	夹杂物	其他种子		正常幼苗（即发芽率）	不正常幼苗	新鲜粒	硬粒	死亡粒					
1	2	3	4	5	6	7	8	9	10	11	12	13	14
92.9	4.7	2.4	21	69	1	0	0	24	10.44	8.8	—	—	—
分级依据：净度、发芽率、含水量							质量等级：三级						
备注													

检验机构全称：国家林业局南方林木种子检验中心　主检人：×××

地址：南京市龙蟠路新庄 159 号　校核人：×××

邮编：210037　技术负责人：×××

电话：025-85427403　签发日期：2007 年 3 月 28 日

检验机构（章）

参考文献

[1] 陈幼生，吴琼美．用X射线摄影研究林木种子品质初报．南京林产工业学院学报［J］，1979，(1－2)：53～60.

[2] 付宗华，钱晓刚，彭义编著．农作物种子学［M］．贵阳：贵州科学技术出版社，2003

[3] 国际种子检验协会（ISTA）编，徐本美、韩建国等译．种苗评定与种子活力测定方法手册［M］．北京：北京农业大学出版社，1993

[4] 国际种子检验协会（ISTA）编，高捍东等译．乔灌木种子手册［M］．南京：东南大学出版社，1994

[5] 国际种子检验协会（ISTA）编，颜启传，邓光联等译．1996 国际种子检验规程［M］．北京：中国农业出版社，1999

[6] 孙时轩主编．造林学［M］．北京：中国林业出版社，1992

[7] 汪企明著．松树［M］．南京：江苏科学技术出版社，1994

[9] 颜启传编著．种子检验的原理和技术［M］．北京：农业出版社，1992

[8] 中华人民共和国国家标准．GB2772－1999《林木种子检验规程》．北京：中国标准出版社，2000

[9] 周陛勋等编著．林木种子检验［M］．北京：中国标准出版社，1986

[10] 祝小科，朱守谦．光皮桦种子千粒重、寿命及生命力研究［J］．林业科学，2003，39（4)：168～172.

[11] Simak, M. The x－ray contrast method for seed testing：Scots pine－*Pinus silvestris* L. Medd. f. Statens Skogsforskningsinstitut［J］，Stockholm，1957，47（4)：1～22.

第二章　林木种子活力及其测定方法

第一节　林木种子活力概述

一、种子活力（seed vigor）概念的提出

为了掌握种子的质量状况，通常要作发芽测定。但发芽测定的结果只能说明种子在实验室的发芽能力，用以预测种子的田间表现可能存在偏差。因为发芽测定是在最适宜的环境条件下进行的，而田间的发芽条件往往不是最适宜的，这就可能出现实验室发芽率很高的种批场圃发芽率却不高的情况。种子工作者在重视种子实验室发芽测定的同时，更希望了解种子在不同环境条件下，特别是在逆境条件下的潜在萌发能力。因此，种子活力的概念被提出。

二、种子活力的发展简史

种子活力这一概念的萌芽，可以追溯到 19 世纪末。1876 年，种子科学的奠基人诺培博士就在其《种子手册》一书中，论及同一批种子中的种子个体之间存在着发芽及幼苗生长速度的差异，并指出这种差异来自种子本身所具有的一种“生长力”。半个世纪后，德国科学家们又对谷物类种子的发芽作了研究。结果发现，带有镰刀菌的种子虽然可以发芽，但这些种子长成幼苗时其穿透土层的能力却大减，只有不带病菌的种子才能顺利出苗。德国科学家们提出用“生长力”一词来描述这一现象，其原意是“幼芽生长强度”及“推动力”的意思。在此之后，不少与“活力”相近的名词相继产生。例如，发芽势能（germination energy）、生命力（vitality）、发芽量（力）（germination capacity）及砖粒值（ziegelgrus value）等。这些名词多半是源于某一特定的试验。其中除生命力一词外，均未被广泛接受。1950 年，随着“幼苗活力，

(seedling vigor)”一词的出现，人们把德文“triebkraft”一词译成英文的“vigor”。并最终把这一单词定为种子活力的唯一表示方法。

1950 年在美国首都华盛顿举行的第 9 次国际种子检验协会（ISTA）大会上，首次讨论了种子活力这一概念，并明确了幼苗活力测定与标准发芽试验的不同。在这次会议上，还成立了“生物化学及幼苗活力测定委员会”，其目的是确立幼苗活力的定义及找出幼苗活力的测定方法，并将此标准化。

从此以后，科学家们开始对种子活力问题进行全方位的研究。其中包括种子活力的测定方法、种子活力的生理生化基础和种子活力与植株田间表现的相关性等。由于种子活力研究已经取得重要进展，在 1971 年于美国首都华盛顿举行的第 16 次 ISTA 大会上，对下列有关种子活力的研究进行了专题交流：①遗传因子对种子活力的影响；②种子萌发初期的控制；③种子活力的生化基础；④活力下降时细胞膜及细胞器的变化；⑤种子活力的生理及生化测定方法。1981 年，ISTA 出版了《种子活力测定方法手册》。1976 年，北美官方种子分析者协会（AOSA）也召开了种子活力专题讨论会，对涉及种子活力的一系列问题展开了进一步的讨论，并于 1980 年出版了《种子活力测定手册》。ISTA 和 AOSA 种子活力测定手册的出版，加快了种子活力测定方法的标准化进程。目前大豆种子加速老化测定和豌豆种子浸出液电导率测定已列入 2003 年版《国际种子检验规程》，小麦和玉米等农作物种子的活力测定方法也正在完善之中，说明活力作为种子质量的指标之一，越来越受到重视。

三、种子活力的定义及其与种子生活力的区别

由于种子活力具有丰富的内涵，要给其下一个确切的定义十分困难。1977 年，ISTA 将种子活力定义为“种子活力系指种子或种子批在发芽和幼苗期间其内在活性及表现性能的潜在水平的所有特性总和，凡性能表现优者为高活力种子，反之为低活力种子”。1980 年 AOSA 将种子活力定义为“种子活力系指在广泛的田间条件下，种子本身具有的决定其迅速而整齐出苗及正常幼苗发育的全部潜力的所有特性”。我国学者郑光华（1980）将种子活力定义为“种子活力系指种子健壮度，包括迅速整齐的发芽潜力、生长潜势和生产潜力”。《2003 国际种子检验

规程》第十五章中种子活力的定义为“种子活力是指种子批在广泛环境条件下，所测定活性和性能等有关特性的总和”。从以上不同机构或学者对种子活力所下的定义可以看出，种子活力不是一个简单的测定指标，而是一种能表达以下有关种批多种特性的综合概念：①种子发芽和幼苗生长速率和整齐度；②种子在不利环境条件下的出苗能力；③贮藏后，种子保持发芽能力的性能。

种子活力与种子生活力往往容易混淆，但两者有根本的区别。种子生活力是指种子生命的有无，即成活度。而种子活力却具有更广泛的含义，它不仅涉及种子生命的有无，更重要的是要显示在不同环境条件下成苗的能力。从右图可以看出，种子活力与生活力对种子劣变的敏感性有很大的差异。当种子刚开始劣变时（A 点），种子生活力不下降或下降很少，但种子活力已开始下降；当种子劣变发展到一定程度时（B 点），种子生活力有所下降，但种子活力已严重下降；当种子严重劣变时（C 点），种子生活力仍有 50 左右，但种子活力已经非常低，失去使用价值。

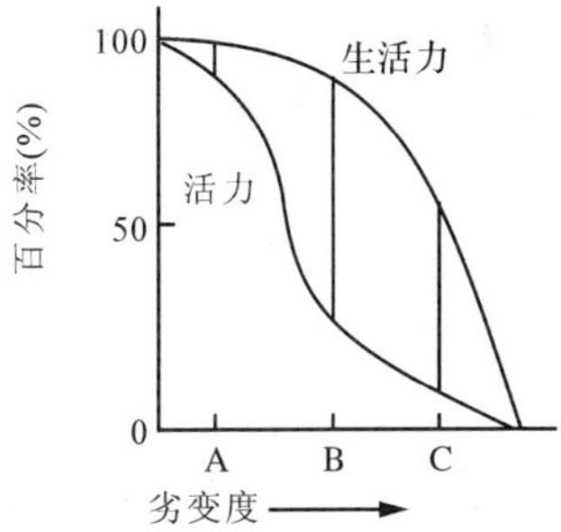

图 2-1　种子劣变过程中活力与生活力的变化

（引自 Delouche 等，1960）

四、影响种子活力的因素

1. 遗传因素

作为种质资源的种子，蕴藏着亲本的遗传特性。种子活力组分在很大程度上是由其基因所决定的。虽然种子在成熟和加工处理过程中，因受环境影响而使活力产生差异，但其活力水平在更大程度上是由其遗传特性决定的。因此，种间及品种间，甚至不同家系和种源间，种子活力的差异必然存在。如广西贵县、广东高州等地种源的马尾松种子，其活力就高于其它种源的种子。李培旺等（2006）研究光皮树、麻疯树和续随子三种木本油料种子活力后发现，种子活力受树种的影响很大，主要由遗传因素决定。

由遗传基因决定的活力水平差异有时只是在特定的时间或环境条件

下才表现出来。如邹德曼（1972）曾报道，两个不同的小麦品种，其活力的差异在发芽后48小时才表现出来。而另有报道发现，有两个四季豆品种，其活力差异只在土温较低时才表现出来。如果这些特性是不同品种间所固有的，则育种者可利用这些特性来进行品种选育。

2. 环境因素

林木从开花结实到种子成熟，从果实采收、调制到种子贮藏，在这一系列过程中，势必遭受各种直接或间接的环境因子的影响。而这些环境因子的影响最终将或多或少地引起种子活力组分的变化，造成种子活力的差异。

（1）环境因子对林木开花结实的影响

林木开花结实过程中的环境因子主要有母树的营养状况，气候因子，土壤条件，人工经营管理措施等。这些因子的好坏将对种子的活力水平产生很大的影响。如在大年之间的小年，由于大年消耗的养分过多，来年结实母树的营养状况就较差，所以小年生产的种子活力不高。种子园因为管理措施到位，结实母树的水肥条件好，因此生产的种子活力较高。

彭幼芬（1998）在一篇综述中指出，刺槐种子的硬实现象普遍存在。湿润条件下成熟的种子硬实数量相对较少，干燥气候条件下成熟的种子硬实数量可达100%。而曹帮华等（2005）则对不同硬实程度的刺槐种子活力差异进行了研究，结果发现，随着硬实程度的提高，刺槐种子的发芽指数和活力指数等种子活力指标有上升的趋势。

（2）种子收获时的成熟度对种子活力的影响

随着种子的发育成熟，其胚的发育与生长潜势不断增强，当种子达到生理成熟之时，其活力最高。随后，种子活力逐渐下降。喻方圆等（1999）对金钱松的研究发现，不同采种期采收的种子，其活力存在较大的差异，早采或晚采对种子活力都不利。在最佳采种期内采得的种子不但出籽率、发芽率和活力都高，而且耐藏性好。

（3）采收、调制对种子活力的影响

种子采收及其后的一系列过程都密切地关系到种子的活力。其影响主要有以下3个方面：一是给种子造成机械损伤，直接损害种子或给微生物的侵入提供条件，加速种子老化及劣变进程；二是造成种子过干或过湿。过干会使细胞受损伤，过湿易引起病菌感染；三是种子如调制不当，易发霉而影响活力。

(4) 贮藏条件对种子活力的影响

林木种子采收后，通常都需要贮藏一段时间。即使是来年春天播种，也需要贮藏3 ~5个月。贮藏条件的好坏，对种子活力有很大的影响。影响种子贮藏的主要因素是贮藏温度和种子含水量。如果贮藏温度过高，种子内含物代谢活跃，贮藏物质消耗过快，活力将会迅速下降。种子含水量过高，会引起种子发热、发霉，降低活力。

(5) 林木种子播前预处理对种子活力的影响

为了促进种子萌发，提高种子的抗逆能力，可对种子进行播前预处理。通过处理，可以改善种子代谢功能，使种子的潜能得以表达。如通过渗透调节，可以减少因种子吸胀速度过快对种子细胞膜的伤害，并对已受损的细胞膜进行修复。

五、种子活力与种子老化劣变的关系

1. 种子老化与劣变的概念

种子老化与劣变是指种子的品质及其性能或活力自一较高的水平下降至较低的水平。实际上，种子与其他生物体一样，都要经历生长、发育和衰老的过程，只不过这一过程的长短有差距，人们尚无法去改变这一规律。但若能揭示种子老化与劣变的生物学机制，则可能采取切实可行的措施，在一定程度上延缓种子老化的进程。

种子老化与劣变是一个渐进和积累的过程，也是一个由量变到质变的过程。导致种子老化与劣变的原因很多，既有种子本身的遗传和生理原因，也有外界环境的作用结果。掌握种子老化过程中的生理生化变化规律，将有助于我们了解种子老化与劣变的机制。

2. 种子老化与劣变的生理生化变化

(1) 膜系统损伤及膜脂过氧化

脂质过氧化是由种子细胞膜中常见的不饱和脂肪酸如油酸和亚油酸周围的氧引起的。其结果是产生自由基。这些自由基一旦产生，将对细胞膜产生深远伤害，并继续产生更多的自由基。脂质过氧化可能从引起线粒体机能障碍、降低酶活性、使细胞完整性遭损坏和遗传物质受损等四个方面对细胞产生伤害。

（2）营养物质的消耗

由于长期呼吸消耗，可能导致胚或胚轴中可利用的营养物质匮乏，从而使种子丧失生活力。

（3）有毒物质的积累

种子在贮藏过程中，各种生理活动产生的有毒物质逐渐积累，使正常代谢活动受到抑制，导致种子的劣变逐渐加深直致死亡。

（4）生理活性物质的破坏与失衡

许多研究表明，酶、微生素、植物激素、谷胱甘肽等生理活性物质的破坏和失衡，也是种子衰老的重要原因。

（5）物质合成能力下降

老化种子中糖类和蛋白质等重要有机物质合成能力的下降，也是引起种子衰老的原因之一。

3. 种子活力与种子老化劣变的关系

种子活力与种子的老化劣变之间存在密切关系。即种子活力水平高，种子老化劣变的程度就低；反之，种子活力水平低，种子老化劣变的程度就高。种子老化劣变的过程实际上就是种子活力下降的过程。因此，种子老化劣变的生理生化反应就成为种子活力测定的主要生物学基础。一般情况下，种子活力在生理成熟时最高，随着老化劣变的进程，种子活力不断下降，在老化劣变方面则表现为细胞膜受损、高能量化合物合成速度下降和分解速度加快、染色体受损、基因突变、种子发芽速度减缓、幼苗生长发育减退、整齐度下降、抗逆能力下降、出苗率差、形态出现畸形、不能发芽、种子死亡等。

第二节　林木种子活力的测定方法

随着对种子活力研究的不断深入，种子工作者们提出了许多种子活力测定的方法，已见报道的方法多达近百种。但不管何种方法，均以活力组分的变化与表达方式而造成的活力差异性以及种子老化、劣变机制等为依据。根据测定方法的性质可以归纳为五大类：即生理测定法，生化测定法，物理测定法，组织化学法和形态解剖鉴别法。在众多测定方法中，以下几种方法在林木种子活力测定中应用较多，也比较成熟，现分别加以介绍。

一、幼苗生长测定法

生长势强的幼苗多表现为幼根或幼芽生长迅速，这一性能已为多项其他生理和生化指标所验证，而且也与田间出苗率的趋势相一致，因此可用该原理测定种子活力。幼苗生长测定法的测定方法实际上就是常规的发芽实验，但其涉及的测定指标不仅要考察供试种子的萌发数量，而且要考察供试种子的萌发速度。可表达种子活力的指标有发芽指数、活力指数、简化活力指数、日平均发芽率、平均发芽天数、发芽系数、发芽峰值和发芽值等。

1. 发芽指数的测定

发芽指数是指相应发芽天数所发芽种子数商值的总和。李淑娴等（1996）对湿地松种子的研究发现，发芽指数与田间成苗率呈显著正相关，相关系数达0.953。说明发芽指数能较好地表达种子活力的高低。

发芽指数(GI)可用下式计算：

$$GI = \Sigma \frac{Gt}{Dt}$$

式中：Gt—— 相应各日生成正常幼苗的种粒数；

Dt—— 从置床之日算起的日数。

发芽指数的测定可用常规发芽试验来完成，现以马尾松种子为例说明如下：

根据GB2772－1999《林木种子检验规程》的规定，马尾松种子的发芽床为滤纸、发芽温度25℃，初次计数第10天，末次计数第21天。

现有A（高活力）和B（低活力）两批种子进行发芽指数测定。在发芽试验开始后，每天记录正常发芽种子数，结果如表2-1所示。

表 2-1 不同活力马尾松种子逐日发芽种子数记录表

置床后天数	逐日正常发芽种子数（粒）												发芽率%
	10	11	12	13	14	15	16	17	18	19	20	21	
种批 A（高活力）	8	15	20	22	12	6	5	3	0	0	0	0	91
种批 B（低活力）	3	8	12	15	20	14	9	5	3	2	0	0	91

从发芽率看，两个种批的发芽能力没有差异，但按发芽指数（GI）的公式计算：

$$GI_A = \frac{8}{10} + \frac{15}{11} + \frac{20}{12} + \frac{22}{13} + \frac{12}{14} + \frac{6}{15} + \frac{5}{16} + \frac{3}{17} = 7.27$$

$$GI_B = \frac{3}{10} + \frac{8}{11} + \frac{12}{12} + \frac{15}{13} + \frac{20}{14} + \frac{14}{15} + \frac{9}{16} + \frac{5}{17} + \frac{3}{18} + \frac{2}{19} = 6.67$$

结果表明，A 批种子的发芽指数高于 B 批种子的发芽指数，即 A 批种子的活力优于 B 批种子。

2. 活力指数的测定

活力指数是发芽指数乘上幼苗高度或幼苗干（鲜）重量。活力指数包含种子的发芽速率和幼苗的生长势两个变量。所以，它比单独用发芽指数表示种子活力更为有效，因此，活力指数作为表达种子活力的指标，在实际中应用更为普遍。邢广萍（1997）的研究认为，测定刺槐种子的活力指数，能很好地将发芽率相近但活力有差异的种批区分开来。李铁华等（2003）研究闽楠种子活力测定方法后指出，活力指数是将幼苗的生长势和种子的发芽情况结合起来考虑，反映的是种子的发芽速度、整齐度及幼苗的生长势，是衡量种子活力水平的一个较全面的指标。

活力指数可用下式计算：

$$VI = \Sigma \frac{Gt}{Dt} \times S$$

式中：$\Sigma \frac{Gt}{Dt}$ 为发芽指数，S 为幼苗干（鲜）重或幼苗平均根长。

测定活力指数时，除按测定发芽指数的方法测得发芽指数外，还需在初次计数时，每个重复随机数取 10～25 株幼苗测定鲜重或干重。因为幼苗鲜嫩，测定干重时应在 85℃恒温箱中烘干 24h，放入干燥器内冷却后称重，求出 4 次重复的平均值，然后计算种子活力指数。

在常规发芽测定过程中，如果只测定到了发芽率的数据，也可用下式计算种子简化活力指数：

$$简化活力指数（GS）=发芽率\times S$$

式中 S 为幼苗干（鲜）重或幼苗根长。

3. 日平均发芽率、平均发芽天数、发芽系数、发芽峰值和发芽值的测定和计算

日平均发芽率、平均发芽天数、发芽系数、发芽峰值和发芽值等指标均能表达种子发芽的速率，在一定程度上指示种子活力的高低。如李铁华等（2003）对闽楠的研究就发现，与未老化的种子相比，老化的种子发芽率并没有太大变化，但日平均发芽率、发芽峰值和发芽值等指标均有不同程度的下降，而平均发芽天数有所增加。周志权等（1996）测定了经介电清选的油松种子活力，结果发现，活力指数、简化活力指数、发芽峰值、日平均发芽率、平均发芽天数、发芽值等均能表达经介电清选后不同等级种子活力的差异。李淑娴等（1996）对湿地松的研究表明，发芽峰值（PV）和发芽值（GV）等指标与田间成苗率呈显著正相关。

测定上述指标时，用常规发芽试验就能完成，但必修每天记录正常发芽种子数，直到发芽测定结束。各指标的具体计算公式如下：

（1）日平均发芽率

$$日平均发芽率（MDG）=\frac{Gs}{Gd}（\%/天）$$

式中：Gs 为总发芽率；Gd 为总发芽天数。

日平均发芽率高，说明种子发芽快而整齐，种子活力高。

（2）平均发芽天数

$$平均发芽天数（MGT）=\frac{Gpt}{Dpt}\ \frac{\sum（fx）}{\sum f}$$

式中：f 是指每天新发芽种子数；x 是相应发芽天数。

平均发芽天数是指每粒种子发芽所需的天数。其数值大，说明每粒种子发芽所需时间长，种子发芽迟缓，种子活力低。平均发芽天数与种子活力高低呈负相关。

（3）发芽系数

$$发芽系数（CG）=\frac{100\times(A_1+A_2+\cdots An)}{(A_1t_1+A_2t_2+\cdots A_nt_n)}$$

式中：A 为逐日发芽种子数；t 为与 A 相应的天数。

种子发芽系数高，表明种子发芽快且整齐，种子活力高；而种子发芽系数低，则表明种子发芽迟缓，参差不齐，种子活力低。

（4）发芽峰值

$$发芽峰值（PV）=\frac{Gpt}{Dpt}$$

式中：Gpt 指达到发芽高峰日时的累计发芽种子数；Dpt 指达到发芽高峰值的发芽天数。

发芽峰值是表示种子发芽高峰日时累计全部发芽种子数与所需发芽天数之比值。高活力的种子发芽快速而整齐，发芽高峰出现早且峰值大；低活力的种子发芽缓慢，发芽高峰出现的时间迟且峰值小。

（5）发芽值

发芽值（GV）=发芽峰值（PV）×日平均发芽率（MDG）

发芽值是发芽峰值与日平均发芽率的乘积。由于发芽峰值与日平均发芽率均为衡量种子发芽是否快速整齐的活力指标，因此，两者的乘积更能显现种子活力的水平。

二、幼苗活力分级法

幼苗分级法的基本原则是将在标准发芽测定中的正常幼苗进一步分级成有缺陷的幼苗及无缺陷的壮苗，利用壮苗的百分率来表示种子活力。幼苗活力分级法操作简便，基本上按常规发芽进行测定，无需特殊的设备，但必需有两条基本保证：一是保证最适发芽条件；二是提供直立板发芽装置。

自从 Wang（1973）最先采用幼苗活力分级法测定脂松种子活力以来，幼苗活力分级法在林木种子活力测定中得到了广泛研究和应用。陈幼生等（1988）利用直立板发芽装置测定了 50 份杉木种子的活力。根据胚根、下胚轴伸出与否以及子叶显现的长度，将直立板上生成的幼苗分为 5 级，建立各级幼苗百分率与种子田间出苗率之间的多元回归方程，结果发现，所建的多元回归方程能够很好地预测种子的田间出苗率。曹帮华等（1997）以人工老化获得的不同活力梯度的臭椿种子为研究对象，在将臭椿幼苗分级的基础上，按照公式：分级值 = ∑CiNi（其中，Ni 为第 i 级幼苗数，Ci 为第 i 级幼苗校正系数。）计算幼苗分级值，并对幼苗分级值及其它活力指标与场圃发芽率之间的关系进行综合分析，结果表明，幼苗分级值最能准确地反映臭椿种子活力水平。唐先韦等（2006）研究喜树种子活力测定方法后认为，用幼苗活力分级法测定种子活力，只需在发芽试验的基础上对幼苗进行分级，不需要特殊的仪器设备，简单易行，但结果较为精确，是一种值得推广的种子活力测定方法。

本文以杉木种子为例，详细介绍直立板幼苗活力分级法测定种子活力的方法与步骤。测定所用直立板发芽器如图 2-2 所示。

图 2-2　直立板发芽器

1. 测定样品的提取

测定所需样品应从净度测定后的纯净种子中提取。首先用四分法将种子分成 4 份，从每份中随机提取 25 粒组成 100 粒。共取 4 个 100 粒，即为四个重复。

2. 置床

置床就是将杉木种子放置于发芽板上。在发芽板 1/3 高度的地方划一条直线，称为插种线。沿插种线均匀排放种子，种子的萌发孔向下。每块板约能摆放 33 粒杉木种子，因此每摆放 100 粒种子需要 3 块发芽板。种子摆放完成后，用与发芽板相同大小的湿滤纸将发芽板有种子的一面贴住。将置好床的发芽板插入发芽器中，发芽期间保持发芽器中水浸没滤纸下端 2 ~ 3cm，各发芽器水位相当。发芽器加盖，置 25℃恒温环境中。种子安放妥当后，要将重复号，树种和置床日期用铅笔填写一张小标签，分别贴在发芽板上，以免引起差错。

3. 观察和记录

种子发芽期间，每日记录每粒种子所成幼苗的级别。根据幼苗的胚根、下胚轴伸出与否以及子叶显现的长度，将直立板上生成的幼苗划分为五级。具体分级标准为：I 级：仅有大于种子长度 1/2 以上的胚根；II 级：有胚根和下胚轴；III 级：除胚根和下胚轴外，有少部分子叶露出；IV 级：除胚根和下胚轴外，可见大部分子叶；V 级：种壳脱落，已形成具有胚根、胚轴和子叶的完整幼苗。

4. 确定等级

在发芽测定的结束之日（杉木种子为置床后的第 21 天），确定每株幼苗所处的最终等级，统计不同等级幼苗的百分率，作为综合评价种子活力状况的依据。显然，高级别幼苗百分率越高，种子活力越高。也可按下式计算幼苗分级值，作为评价种子活力的指标。幼苗分级值越大，种子活力越高。

$$\text{幼苗分级值} = \sum CiNi$$

式中：Ni 为第 i 级幼苗数；Ci 为第 i 级幼苗校正系数。其中各级幼苗的校正系数与幼苗所处最终等级有关，幼苗等级越高，校正系数越大。

三、加速老化法

1. 加速老化法概述

加速老化法是根据高温高湿会加速种子老化的普遍规律，采用人工加速老化的方法，来判断种子活力的高低。此法的可靠度很好，应用的局限性也小，加上不需昂贵的仪器和药品，操作又简便易行，因此受到普遍的重视而加以广泛应用。

Helmer（1962）提出，加速老化除了预测种子的耐藏性以外，还应将其应用于预测种子性能。J. C. Delouche（1965）在美国密西西比州立大学种子技术实验室首创了检验种子质量的加速老化法。随后，在美国一些州立及私立种子检验实验室和种子技术实验室中，已将加速老化法用于测定大豆种子的活力。蔡伟民等（1994）用加速老化法测定了杉木种子的活力，结果发现，杉木种子老化的最佳条件是温度 40℃，相对湿度 100%。

2. 加速老化的设备

简单式样的加速老化箱对于大多数种子实验室来说似乎最为适用。它由下列各个部分组成：

①带有浸入式热元件的外箱；②老化盒：以带盖或带罩的塑料容器，或是带有非金属的盖或罩的玻璃容器为宜；③用黄铜丝或青铜丝编织的种子筐，其网孔尺寸取决于种粒大小，可就地取材手工制作；④种子筐的金属丝支架，尺寸取决于容器的大小，可用电镀金属网手工制作；⑤恒温控制仪器，可将温度控制到 ±0.1℃。

3. 加速老化的方法

下面的方法是专为大豆种子设计的，但测定林木种子时可以借鉴。

（1）外箱需加足水，以淹没热元件，为了在测定过程中保持热元件浸在水中，水还应多加一些。干燥的外箱不可用来做老化测定。

（2）将温度传感器装置放在老化箱中与种子相平的高度，然后控制在 40℃。

（3）在老化盒中放水，使水平面保持在种子下 6～8 ㎝处，种子不能接触水分。

（4）数取发芽试验所需种子数并放入金属丝筐，通常放 420～425 粒，以铺满容器底部，筐子放在内箱的金属支架上。

（5）盖好老化盒，并将其放在外箱的架上，并关闭外箱；老化期间不要打开箱门。种子在箱内放置 72h。

（6）老化结束时，取出样品，并将种子作标准发芽试验。通常为 100 粒种子 4 个重复。

4. 加速老化种子的发芽测定

按照 GB2772－1999《林木种子检验规程》的要求来检验老化种子的发芽性能，能长出正常种苗的种子被认为是高活力的种子。与常规的发芽试验相比较，加速老化测定的结果更有意义。

四、电导法

1. 电导法概述

种子老化劣变过程中，其细胞膜的结构与功能受损，引起选择性渗透能力的降低，导致吸胀过程中细胞内含物的外渗，其后果使种子本身生理失调，并有利于种子周围病菌的侵染，从而降低田间出苗率和幼苗生长势。根据此原理，测定种子浸出液的电导率就能预测种子的活力水平。

Matthews 等（1968）首次报道了种子浸出液电导率与田间出苗率之间存在密切的关系，次年又将测定种子浸出液电导率发展成预测田间出苗的常规方法。此后，种子浸出液的电导率与田间出苗率的相关性多次被不同的研究者所证实。北美官方种子分析者协会（AOSA）于1980年进行仲裁，将电导法编入种子活力测定手册，作为种子检验室的服务项目。国际种子检验协会（ISTA）于2002年正式在《2003国际种子检验规程》中将电导法列为豌豆种子活力测定的方法。邢广萍（1997）用电导法测定刺槐种子活力后认为，刺槐种子的电导率值与种子的活力呈负相关，用电导法测定刺槐种子活力是可行的，其适宜的测定条件是25～30℃重蒸水浸种5～28小时。对经人工老化或机械损伤的种子，电导率值和种子活力不一定呈负相关，因此，在电导率测定中，应予注意。郑林（1996）用电导法测定了福建柏、木麻黄、黄山松和湿地松等4个树种种子的活力，并建立了相对电导率与活力指数之间的相关模型。结果发现，上述树种种子相对电导率与活力指数间呈密切负相关。郑林（1996）的研究同时指出，种子电导率随着浸泡时间的延长而逐渐增大，上述树种的理想浸泡时间为8～12小时。梁军等（1994）认为，电导法测定山杏和沙棘种子的活力是可行的，测定时，种子浸提温度以25℃，浸提时间以24小时为佳。

电导法由于简便易行，加上其原理的普遍性和仪器的不断改进，其应用范围正在不断扩大。但电导法的准确度会受到水质、种子含水量、种粒大小以及空粒含量的影响，有时测定误差较大。

2. 电导率测定的设备

（1）置放种子的容器

如玻璃或塑料烧杯。烧杯底部直径影响测定结果，最理想的直径是80㎜±5㎜，烧杯的清洁度是很重要的，烧杯用完后，应该以热水洗两次，最后加去离子水冲洗。要定期检查烧杯的清洁度，并测定杯中去离子水的电导率值。

（2）电导率仪

目前市场上有多款电导率仪，如上海第二分析仪器厂生产的DDS－11A型电导率仪；日本产SC－51电导仪；英国产P310型电导率仪；瑞士产Delta 326电导率仪等。

（3）浸式电极标定

先称取0.5323g干燥的分析纯氯化钾（放在一个开盖的盘中，在150℃中烘干1h，称重前在干燥器中冷却），溶解在加满去无离子水的容量瓶中，该溶液浓度为0.00702mol/L，25℃时电导率为1000μs/cm。这样浸式电极就很容易进行校正。测定完毕后，浸式电极用去离子水冲洗几次，并在潮湿中保存。

3. 电导率测定用水

最好是去离子水，它是将自来水通过去离子器获得的。也可用蒸馏水，但不能用电导率值大于每厘米20微西门子（μs/cm）的自来水。测定前应将水在20℃中放置24小时。

4. 电导率测定的程序

（1）两个重复各100粒种子（种粒大的种子可用50粒或25粒种子）称重后，放入烧杯。用量筒向各个烧杯加入20℃的去离子水250ml。浸泡种子的烧杯应加盖以减少蒸发和被灰尘污染。每次测定都应设置一个对照，对照烧杯内有水，但不放种子。

（2）所有烧杯在20℃下放置24h，然后测定溶液的电导率。

（3）将浸出液通过一个粗塑料筛，倾注到第二个烧杯中（换烧杯），再将种子浸出液倒回到第一个烧杯中。然后测定浸出液电导率。计算时，用浸式电极测得的电导率，应减去对照烧杯的读数。

注意确保所有电导率值都应在20℃下测定，因为微小的温度变化会导致电导率发生很大的差异。

5. 测定结果的计算

每个重复都应以每克种子的电导率值（减去对照烧杯的读数）表示，并计算出两次测定值的平均值：

$$\text{电导率值}=\left(\frac{\text{重复 1 的电导率值}}{\text{（重复 1）100 粒种子的重量}}+\frac{\text{重复 2 的电导率值}}{\text{（重复 2）100 粒种子质量}}\right)\div 2$$

如果样品的重复之间差值大于4μs/（cm·g），测定应重做。而当样品的电导率值超过30小时，重复之间的允许差值为5μs/（cm·g）。

五、TTC 定量法

1. TTC 定量法概述

TTC定量法已被国内外学者列为种子活力测定的常用方法。在我国，徐本美（1982）最早研究了TTC定量法测定种子活力的效果。随后，TTC定量法得到了广泛研究，在林木种子领域也不例外。如蔡伟民等（1994）对杉木种子的研究表明，TTC含量与活力指数呈显著正相关，TTC法测定程序简单、快速，测定结果准确，是测定种子活力的好方法。邢广萍（1997）用电导法测定刺槐种子活力后认为，TTC定量测定方法简单，结果准确可靠。如果测定材料和重量相同，则可用光密度值直接判断种子活力的高低。对所使用的分光光度计，应首先进行测定波长选择和回归方程的确定。对于刺槐种子活力的测定，用冷开水作TTC溶剂，既不影响测定结果又经济。用乙酸乙酯作提取液，效果好且简便迅速，值得推广。李铁华等（2003）研究闽楠种子活力测定方法后认为，用TTC定量法和电导法测定和判断闽楠种子活力的大小，需要的时间较短，能快速了解种子的质量，结果可靠，但以TTC定量法的稳定性更好。

TTC定量法适用于大多数类型林木种子活力的测定，但对于难去种皮或带色种子则难以测定。对低活力和各种损伤，严重劣变的种子，采用TTC定量法时也应特别小心，因为有时低活力种子四唑溶液渗透快、染色深，反而提取液颜色深，光密度出现相反的结果。

2. TTC定量法的测定原理

氧化态的无色氯化三苯基四氮唑（TTC），接受了活种子呼吸过程脱氢酶所产生的氢，而变成还原态的红色三苯基甲月替（TTCH）。种子染色后经丙酮或乙醇或乙二醇乙醚溶解提取，然后将定量提取液在分光光度计上测定光密度值，并从标准曲线查出TTCH含量（μg/ml），以定量计算种子的脱氢酶活性，其光密度值高或TTC含量高，则表明种子活力强。

3. TTC定量法标准曲线的配制

在容量瓶中配制0.1%TTC母液（即1000μg/ml），然后取5ml容量瓶5只，每只瓶中加入极少量（数粒）的强还原剂连二亚硫酸钠（$Na_2S_2O_2$），以将四唑还原成红色的甲月替，再取微量注射器分别吸取0.1%TTC母液25、50、75、100、150μg加入各个容量瓶，并加水定容，摇匀，配制成每毫升含有5、10、15、20、30μg的TTC标准溶液。最后在490nm波长的分光光度计下，分别测定其光密度，并绘制出标准曲线。

4. TTCH 含量测定

将待测种子浸泡至充分吸胀，除去种皮，剥出种胚（大粒种子）或整粒种子（中、小粒种子）。每个样品取相同的粒数，重复 3 次，将样品放入具塞试管中，加 10ml0.1% TTC 溶液，并将试管放在 38℃左右恒温水浴中，加盖保持在黑暗条件下，染色反应时间长短因种子种类而异，一般 1～3h 即可。其后倾去 TTC 溶液，以中止反应，再用水冲洗样品 2～3 次，用粗滤纸吸去浮水，观察和记录样品染色部位、程度，并按图形法记录。同时将样品倒入研钵，加入少许分析纯石英砂及丙酮，进行充分研磨，再把研磨液倒入 10ml 容量瓶中，并用丙酮冲洗研钵 2～3次，均倒入容量瓶中，定容和摇匀，将提取液倒入 10ml 离心管中，于 3 000r/min 离心 5min，然后吸出一定量的红色上清液，用作比色测定。若上清液混浊，可加入 1% 氯化钠溶液数滴（以使溶液达到清亮为度）。最后放在分光光度计 490nm 波长测定光密度值，再从标准曲线中查出相应的还原态 TTCH 量。

六、四唑图形法

1. 四唑图形法概述

四唑图形法就是根据种胚的主要构造以及种子中活的营养组织染色的部位、面积的大小以及颜色的深浅，来建立四唑染色图像与种子成苗之间的关系，分析产生异状幼苗的原因，从而判断种子活力的高低。

四唑图形法类似于种子生活力测定，在方法和操作上与生活力测定基本一样，但由于两者概念上有很大区别，因此，在染色图像的解释上大不相同。测定生活力时，往往将多种多样的染色图像不加区别而笼统归为一类。但测定活力时，则需仔细地将各种染色图像加以区分，以作为评价种胚活力的依据。正因为这样，四唑染色测定种子活力时，染色图形的判读难度要大大高于生活力的测定，这不仅需要掌握不同老化或受损伤程度种子的四唑染色特征，而且需要丰富的判读经验。

无色的氯化三苯基四唑能被植物活组织内的末端氧化酶系统还原，形成红色且不溶于水的甲月替，沉积在活细胞中，而死细胞无此反应，因而保持无色。Lakon（1942）首次将四唑染色法用于测定种子的生活力，随后成为许多不同植物种子生活力的快速测定方法。但四唑染色的作用不仅仅限于测定种子生活力，国内外许多学者开展了四唑图形法测定种子活力的研究，并取得了显著成果。如Das等（1992）对不同老化程度小麦种胚四唑染色解剖图谱的研究表明，种胚劣变是与种子脱氢酶活性降低和红色三苯基甲月替形成的减少相联系的，因此，根据四唑染色解剖图谱可以清楚地鉴别不同活力水平的种子。

四唑图形法除具有快速、简便易行的优点外，还有其独特的优势，就是能应用于各类休眠种子，这对林木种子尤其重要。

2. 老化和损伤种子四唑染色图谱的特征

已老化或受损伤的种子，在发芽测定时可能表现出生长缓慢或异状幼苗的特征。种子的这种特征，也可能反映在四唑染色图形上，因此，掌握老化和损伤种子四唑染色解剖图谱的特征，对准确判断种子活力的高低具有重要的意义。

（1）老化种子（aging seed）

在贮藏时间较长或贮藏环境不良的情况下，胚和活的营养组织会发生生理性的劣变老化。在四唑染色时，由于种子老化而出现劣变的四唑染色症状，如出现杂色、灰色、异常深红、灰红或乳白色组织等。从外表看，其组织呈现软弱、水糊和斑点状。根据老化种子四唑染色的上述特征，就能判断种子老化的次序和老化程度。

（2）热损伤种子（heat damaged seed）

热损伤是指潮湿种子由于受到过长时间有害高温的影响而引起胚组织劣变的一种类型。在四唑测定中，热损伤的胚组织可能染成淡棕色至灰红色，其中死组织可能染成棕色，且呈现软腐状。种子发芽时，热损伤的种子可能出现胚根和胚芽发生障碍或腐烂的不正常幼苗。

（3）冻伤种子（freezing injury seed）

冻伤是指潮湿种子受亚冰冻温度伤害后而引起胚不同程度失调的情况。在四唑测定中，这种冻伤组织染成的颜色与正常颜色不同，表现为暗红、紫红、灰红、白色或带有杂色斑点。冻伤对种子活力的影响程度取决于颜色失调的部位和强度，胚根尖出现不染色的白色区大小等。种子发芽时，受冻伤的种子可能出现胚根损伤或胚主要构造生长障碍或腐烂的异状幼苗。

（4）机械损伤种子（mechanical injury seed）

机械损伤是指在种子收获、加工和处理过程中直接受到机械冲击和挤压所引起的内部结构破碎的组织损伤。在四唑测定时，由于这种损伤和老化的发展，其症状通常已改变和加深而染成异常颜色。种子发芽时，由于受机械损伤程度的不同，可能出现胚轴、子叶开裂、分离、断裂或残缺不全等各种不正常幼苗或分离部分。

3. 四唑染色测定种子活力的程序

（1）配置0.5%的2，3，5－氯化三苯基四唑的磷酸盐缓冲溶液，确保溶液pH范围在6.5～7.0；

（2）随机抽取4个重复各100粒种子放入水中，在室温下浸泡18～20h；

（3）用解剖针将胚乳与胚分离，并清除淀粉胚乳的碎片及种皮，注意避免任何机械损伤；

（4）将胚浸入四唑溶液，35℃下在黑暗中放置2～24h（具体时间因树种而异）；

（5）染色后用水清洗种子，然后在放大镜下对种子染色情况进行鉴定和分级。

4. 四唑染色图形的鉴定和分级

为了评定种子活力的高低，通常按种子胚部主要构造染色面积和组织状态分为5级：

1级：胚完全染色，染色均匀，没有明显损伤；

2级：胚主要构造仅有小部分组织的面积不染色，为轻微损伤，如初生根尖端有小量劣变组织不染色；

3级：胚已明显损伤，但胚还是活的。胚已出现如2级的症状，或根尖有较大的染色不均匀的劣变组织；

4级：胚主要构造不染色的面积已达到死种子的范围；

5级：胚已不染色，已完全死亡。

5. 四唑染色测定种子活力的结果计算

首先将上述5个等级分别赋值如下：

级别	1级	2级	3级	4级	5级
赋值	5	4	3	2	1

然后按下式计算种子活力分数，作为评价种子活力的指标。种子活力分数越大，种子活力越高。

$$种子活力分数 = \sum C_i n_i / N$$

式中：n_i 为第 i 级种子数；C_i 为第 i 级种子的赋值；N 为供试种子总数。

如测定100粒刺槐种子，根据染色图形进行鉴定，得各级别种子如下：

级别	1级	2级	3级	4级	5级
赋值	5	4	3	2	1
种子数	40	25	15	10	10

$$\begin{aligned}种子活力分数 &= \sum C_i n_i / N \\ &= [(40\times5)+(25\times4)+(15\times3)+(10\times2)+(10\times1)]/100 \\ &= 3.75\end{aligned}$$

参考文献

[1] 蔡伟民，郑郁善．杉木种子活力测定方法的研究［J］．福建林业科技，1994，21（增刊）：78~82.

[2] 曹帮华，翟明普，郭俊杰．不同硬实程度的刺槐种子活力差异性研究［J］．林业科学，2005，41（2）：42~47.

[3] 曹帮华，隋丽丽．幼苗分级法测定臭椿种子活力初探［J］．山东林业科技，1997，(2)：4~7.

[4] 国际种子检验协会（ISTA）编，徐本美，韩建国等译．种苗评定与种子活力测定方法手册［M］．北京：北京农业大学出版社，1993

[5] 李淑娴，陈幼生，吴琼美．湿地松种子活力测定方法的研究［J］．南京林业大学学报，1996，20（3）：16~19.

[6] 李铁华，朱祥云．闽楠种子活力测定方法的研究［J］．浙江林学院学报，2003，20（3）：321~324.

[7] 李培旺，李昌珠，蒋丽娟，孙友平．3 种木本油脂植物种子活力研究［J］．经济林研究，2006，24（1）：71 ~ 73.
[8] 梁军，杜晓霞．山杏，沙棘种子活力测定的电导法［J］．种子，1994，（1）：21 ~ 23.
[9] 吕芳德，和红晓．山核桃属植物种子活力的测定［J］．经济林研究，2006，24（3）：11 ~ 14.
[10] 桑红梅，彭祚登，李吉跃．我国林木种子活力研究进展［J］．种子，2006，25（6）：55 ~ 59.
[11] 唐先韦，邢世岩，李士美，李保进，郭凤英．老化处理对喜树种子活力的影响［J］．山东林业科技，2006，（5）：20 ~ 21.
[12] 陶嘉龄，郑光华著．种子活力［M］．北京：科学出版社，1991
[13] 吴擢溪．柳杉等种子活力射线测定研究［J］．福建林学院学报，1995，15（3）：246 ~ 251.
[14] 邢广萍．关于刺槐种子活力测定方法的研究［J］．林业科技通讯，1997，（7）：31 ~ 33.
[15] 颜启传，胡伟民，宋文坚主编．种子活力测定的原理和方法［M］．北京：中国农业出版社，2006.
[16] 喻方圆，钱锦．不同采种期金钱松种子品质的研究［J］．中南林学院学报，1999，19（4）：45 ~ 47.
[17] 张本华，郝晓莉，李永奎，李成华．种子活力及其测定方法研究［J］．农机化研究，2006，（6）：86 ~ 87.
[18] 郑林．林木种子活力的电导法测定［J］．福建林业科技，1996，23（4）：11 ~ 14.
[19] 周陛勋等编著．林木种子检验［M］．北京：中国标准出版社，1986
[20] 周志权，孙奎利，赵恒军，季川．介电清选的林木种子活力测定研究［J］．辽宁林业科技，1996，（3）：18 ~ 20.
[21] Ching, T. M. and W. E. Kronstad. Varietal differences in growth potential, adenylate energy level, and energy charge of wheat [J]. Crop Sci. 1972, 12: 785 ~ 789.
[22] Delouche, J. C. and Caldwell W. P. Proceedings of Association of Official Seed Analysts. 1960, 50: 124 ~ 129.

第三章　苗木质量检测

第一节　苗木质量评价概述

一、苗木质量的概念

苗木是造林的物质基础，苗木质量的优劣直接关系到造林的成败。为了确保用高质量的苗木造林，对苗木质量进行准确评价十分必要。

要准确评价苗木质量，首先要明确苗木质量的概念。苗木质量的内涵十分丰富，很难用某一个或少数几个单项指标来全面衡量苗木质量的好坏。Langerud（1991）认为，很难确切地给苗木质量下定义，特别是用可测量的品质来描述。通常，苗木质量的好坏应以苗木造林后的成活率和生长表现来衡量。Johnson and Cline（1991）则提出，苗木质量是指苗木在胁迫环境条件下成活并旺盛生长的能力。苗木质量的定义与森林培育的目标有关，如培育薪炭林，应把造林成活率放在首位。而用材林则应兼顾造林成活率和幼林生长表现。苗木质量还与造林地的立地条件有关，苗木质量是苗木在不同环境条件下成活和造林后生长能力的综合。苗木质量的概念不仅是综合的，而且是动态的。如在苗木培育、起苗、分级、假植、贮藏、栽植等不同阶段，评价苗木质量的侧重点应有所不同。

二、苗木质量评价的历史

在长期的造林实践中，人们逐渐意识到苗木质量在很大程度上决定着造林的成败和林分生产力，因此，苗木质量评价一直是林业工作者关注的焦点问题之一。早期人们对苗木质量的认识是从形态特征开始的，随着科学技术的不断发展，人们对苗木质量的认识水平也从简单的外部形态深入到内部生理活动，甚至分子运动规律上面。

1935 年，Wakeley 提出用苗高来确定美国南方松的苗木质量，之后又根据苗高、地径、木质化程度、苗茎的表皮状况、针叶、冬芽有无等特征对湿地松和火炬松苗木进行了分级。德国在 1939 年开始用苗高和地径来评价苗木质量。前苏联的 B · B · 奥基也夫斯基在 1949 年提出了 6 条苗木分级的依据，即苗高、地径、根系长度、顶芽和侧芽的形成情况、起苗时苗木受伤情况和苗木病虫害情况。上述对苗木质量的认识非常直观，易于在生产实践中应用。但这些认识仅停留在外部形态上，难以准确、全面和深入地反映苗木质量。

1948 年，美国学者 Wakeley 首先指出了以苗高和地径做形态分级的局限性，提出研究苗木生理状况并用生理指标来评价苗木质量的必要性，并提出了生理分级的概念。20 世纪 50 年代以来，各国学者广泛开展了影响苗木质量内在因素的探索。Stone（1955）首先提出根生长势（Root growth potential）这一概念，并通过试验证明了科学测定根生长势进行苗木质量评价的可行性，从而使苗木质量评价由感性阶段发展到理性阶段。

1979 年，国际林联（IUFRO）在新西兰召开了“种植材料质量评价技术”学术会议，会上集中讨论了有关苗木质量各方面的问题。会议结束后，新西兰林业科学杂志出版了苗木质量问题特刊。这次会议被认为是苗木质量评价的一个里程碑。在这次会议上，代表们从不同角度，提出了多种评价苗木质量的生理指标，强调生理指标在评价苗木质量的过程中与形态指标同等重要。Ritchie（1984）在综述前人所做的工作后，提出可以从两方面全面评价苗木质量。一方面是苗木的物质品质，即可以直接测定的苗木品质。包括芽休眠、水分状况、矿质营养、碳水化合物含量、苗木形态、苗木体内的生长调节物质、酶活性水平等。另一方面是苗木的表现品质，即不能直接测定，而是将苗木置于特定条件下培育，测定苗木的表现情况。包括苗木活力、根生长势、抗寒性等。1985 年，Duryea 在美国俄勒冈州立大学苗木质量培训班的基础上，编辑了“评价苗木质量：主要评价方法的原理、操作程序和造林效果预测能力”一书，该书系统地论述了有关苗木质量的方方面面，包括苗木质量的概念、芽休眠、苗木水分关系、矿质营养、碳水化合物含量、苗木形态指标、根生长势、苗木活力、苗木耐寒性等。1990 年，美国西部林业苗圃协会又召开了目标苗木（Target seedling）学术会议，会上，美国俄勒冈州立大学的 Robin Rose 教授提出了目标苗木的概念，认为目标苗木的生理指标和形态指标都必须从量上达到一定要求，以满足成功造林的需要。1994 年，国际林联（IUFRO）的苗木生产、植物材料特性和树木生理三个工作组又在加拿大安大略省的 Sault Ste. Marie 联合召开以苗木质量评价为主题的学术会议。这次会议对前人提出的各种苗木质量评价方法进行了科学总结，更加全面、客观地分析了苗木质量评价的复杂性，提出了各种测定方法的测定标准和应用范围，为苗木质量评价的规范化和科学化提供了进一步的依据。此次学术会议的论文后被《New Forests》杂志于 1997 年以特刊形式汇集出版。

我国苗木质量的研究始于 20 世纪五六十年代，1961 年北京林学院造林教研组编写的《造林学》中较全面地提出了苗木质量调查的指标。1981 年，由北京林学院主编、全国各地农林院校参编的《造林学》进一步对苗木质量调查方法，苗木质量评价指标和优良苗木的条件做了论述。1985 年，国家标准局颁布了 GB6000 - 1985《主要造林树种苗木》国家标准，该标准对促进我国育苗技术进步，保证造林用苗木质量发挥了重要作用。20 世纪 80 年代后期和 90 年代后，以苗木水分关系和根生长势为重点，苗木质量生理指标的研究得到加强，发表了大量相关论文。1999 年，新的国家标准 GB6000 - 1999《主要造林树种苗木质量分级》经国家质量技术监督局正式发布，标志着我国苗木质量评价进入新阶段。

三、苗木质量评价的目的意义

苗木质量评价的目的因时而异。在培育阶段，主要看苗高、地径、根系生长是否达标，苗木的营养状况、损伤情况、病虫害状况、休眠状况、田间越冬和贮藏性能等。起苗阶段，重点是监测苗木的耐贮藏能力和损伤情况。造林前，主要监测苗木损伤状况，预测造林成活率和幼林生长状况。

对育苗者来说，评价苗木质量具有以下方面的意义：①苗木出圃时为用户提供质量证明。②确定起苗和分级的时间。③在育苗过程中，为采取切实可行的育苗技术措施提供依据。④为间苗提供依据。

对用户来说，评价苗木质量具有以下方面的意义：①为适地适苗提供依据。②确定在苗木贮运过程中，苗木质量何时发生了变化，以便采取措施，避免苗木质量下降。③及时剔除低质量的苗木，避免因重栽而贻误造林时机。④为一些特殊苗批的及时处理提供依据。如对芽已萌动的苗木应及时栽植，不宜长时间贮藏。⑤为确定造林成败的原因提供依据。⑥确定在某种特定立地条件下苗木应具备的特定品质，如确定在干旱立地条件下造林时，苗木应具备的品质。

四、苗木活力（seedling vigor）

“苗木活力”一词尽管在学术书籍中时有所见，但远不如种子活力那样得到广泛而深入的研究。人们对苗木活力的定义也存在不同的看法。在起苗、分级和栽植过程中，苗木必定要遭受一系列环境胁迫。在胁迫的情况下，外观上看似相同的苗木会发生分化，有的苗木可能死亡，有的苗木长势会减弱，有的苗木能正常生长。造成分化的原因很可能就是苗木活力存在差异。因此，苗木活力就是苗木正在表现的或潜在的进行正常生长发育的能力。苗木活力是苗木形态和生理特征的综合表现，很难用某一种形态或生理指标来反映。

第二节　苗木质量形态指标

一、苗高（seedling height）

苗高是指地径至顶芽基部的苗干长度。测定时，从苗木地径处或地面量到苗木顶芽基部，如苗木还没有形成顶芽，则以苗木最高点为准。苗高是最直观、最容易测定的形态指标，甚至不用仪器，人们就能看出哪株苗木更高。

苗木高生长快，能在一定程度上反映其遗传优势，但对于同一批苗木，生长快的苗木更大程度上是因为种子播种品质好和生存微环境优越。因此，同一批苗木，并不是越高越好，在达到一定标准的情况下，苗高以大小均匀整齐为好。因为过大的苗木会给栽植带来困难，甚至影响造林成活率；而苗木过小，造林成活率和幼林生长均会受到影响。苗木高生长均匀一致，还能减小造林后幼林两极分化的可能性。

苗高反映的是苗木的光合能力和蒸腾面积。因此，苗高与造林后的幼林生长关系密切，但苗高与造林成活率往往不一致。如 Schmidt - vogt（1981）的研究表明，在德国用挪威云杉造林，苗高大的苗木造林成活率反而底于苗高小的苗木，特别是在干旱的造林地。可能的原因是高大的苗木造林后，地上部分蒸腾量过大，导致苗木失水而死亡。对北美黄杉（Hermann，1964）和西黄松（Lopushinsky & Beebe，1976）的研究也得到了类似的结果。

但 Schmidt-vogt（1981）的研究同时指出，苗高大的苗木造林成活后的幼林生长大于苗高小的苗木。对火炬松、白云杉和辐射松的研究也表明，苗高大的苗木造林后的幼林高生长量明显优于苗高小的苗木。

二、地径（stem diameter at the root collar）

地径又称地际直径，是指苗木土痕处的粗度。地径通常用游标卡尺测量，测量时，游标卡尺卡位的力量应均匀，不能过松或过紧。播种苗、移植苗测定苗干基部土痕处的粗度；插条苗和插根苗测定萌发主干基部处的粗度；嫁接苗测定接口以上正常粗度处的直径。

在所有形态指标中，地径是评价苗木质量的首要指标之一。地径不仅与苗木根系大小、根系体积、苗木鲜重、苗木干重和苗木抗逆性等指标密切相关，而且与苗木造林成活率和幼林生长密切相关。因此，地径反映苗木质量的可靠性很高。Mullin & Svaton（1972）对白云杉的研究表明，造林时苗木的原始地径与 10 年后苗木的高生长成正相关，苗木的保存率也随原始地径的增大而提高，但上升到一定时候，幼林保存率呈平稳状态。

当然，地径在提高造林成活率方面的作用不是无限的，当地径升高到一定程度后，造林成活率提高的幅度趋缓，甚至不升反降。如 Blair & Cech（1974）按 Wakeley（1954）制定的标准，将火炬松苗木按地径从大到小分为 I、II、III 三级，结果发现 II 级苗的造林成活率最高。但是，造林 13 年以后，幼林的材积增长量却是 I 级苗最大，III 级苗最小。

地径过大的苗木通常苗高也大，绝对矮而粗壮的苗木在实践中是不多见的。因为苗木过分粗大，地上部分的蒸腾量将会大大增加，地下部分根系也可能过于庞大，往往会给造林成活带来难度。因为大苗需要相应提高种植穴的规格，对水分的要求也更高。

三、根系（root）

根系是植物的重要器官，是决定苗木造林后能否成活及幼林生长好坏的关键。但与根系的重要性相比，反映根系状况的形态指标并不十分理想。目前生产上采用的根系指标主要有主根长、根幅、>5cm 长 I 级侧根数等。根系重量、根系体积和根系表面积指数等指标还在研究之中。主根长是指根系基部靠近地表处量至根端的自然长度，它是起苗时应保留的长度。根幅是从主根基部靠近地表处量至四周侧根的长度，也是起苗时应保留的侧根幅度。主根长和根幅在控制起苗宽度上有重要意义。但是起苗过程中苗木的须根很容易受到损伤，使得主根长和根幅与苗木须根量的关系不密切，因此，这两个指标在反映苗木须根方面有不足之处。在截根育苗的情况下，主根长更是难以发挥作用。相比而言，侧根数是能反映苗木须根数量的较好指标。侧根数的测定一般先要确定一个侧根长度，如大于 1cm 长的侧根数，就是统计大于 1cm 长侧根的数量。依此类推，可以计数大于 5cm 长侧根数、大于 10cm 长侧根数等。

研究表明，就根系而言，影响苗木造林成活率和幼林生长状况的关键是须根的多少，因此，不管哪种根系指标，都必需考虑该指标是否能充分反映苗木须根状况。例如，根系重量相同的两株苗木，一株侧根和须根很多，另一株主根较大，侧根和须根较少，则其造林效果可能差异很大。如对扭叶松（Burdett，1976）和北美黄杉（Hermann，1964）的研究就表明，苗木须根与造林成活率密切相关。Rowan（1983）的研究也表明，如果去掉 50% ~75% 的火炬松苗木须根，则其造林死亡率大大增加。也有人认为须根与苗木造林成活率和幼林生长关系不密切（Lavender & Wareing，1972），这与造林时保留多少须根为好有关，如果去掉少许须根，可能不会影响造林效果，但如何掌握保留须根数量的标准，仍值得进一步研究。

另外，因为根系重量通常与苗木地径相关密切，所以，根系重量与造林成活率和幼林生长也密切相关。

四、苗木重量（seedling weight）

苗木重量是指苗木干重或鲜重。鲜重更易测定，但数据受苗木含水量影响较大。干重不受苗木含水量影响，数据更稳定、可靠。苗木生长量大小，主要看其生物量积累的多少，干重是反映苗木生物量积累状况的最主要指标，因此也是指示苗木质量的较好指标。苗木重要也是计算茎根比和质量指数的基础。

苗木重量可以是苗木总重量，也可以是各部分重量，如地上部分与地下部分重量等。苗木地上部分与地下部分的分界线是苗木地际直径处。测定苗木重量之前应将苗木清洗干净，擦干表面水分后及时称量鲜重。测定苗木干重时，应将洗净的苗木装于纸袋中，置烘箱中烘干，烘箱的温度保持在60～70℃之间，这一温度范围可以使苗木体内的分解酶变性（>60℃）又不会导致热分解和氮挥发（<70℃）。等到苗木烘至恒定重量时，便可取出并立即称重，烘干过程通常需要24小时左右。

在实际操作中，苗木干重通常不作为分级指标，因为苗木干重的测定不但耗时，而且对被测苗木是毁灭性的。因此，苗木干重只能用于抽样调查，以便估测整个苗批的质量状况。

苗木重量与苗木地径密切相关，因此苗木重量同苗木造林成活率以及幼林生长的关系也同苗木地径类似。如Switzer and Nelson（1963）对火炬松的研究和Ritchie（1984）对北美黄杉的研究就证实了这一观点。除苗木总干重以外，Hulten（1976）曾报道一年生欧洲赤松苗木地上部分干重与苗木造林后第一和第二年的高生长密切相关。因为苗高与苗木针叶数量相关，而针叶数量又与针叶重量相关，所以，有人认为苗木地上部分重量同苗木造林成活率以及幼林生长的关系类似于苗高。总的来说，高质量的苗木必需有足够的生物量以供生长；地上部分与地下部分平衡以满足特定立地条件下造林成活的需要。

五、高径比（sturdiness quotient）

高径比是指苗高与地径之比。由于是比值，故高径比没有单位，它只是一个指数。目前在苗高、地径的单位上还不统一，如果苗高采用厘米（cm），地径采用毫米（mm），则高径比的结果多为一位数。

高径比反映了苗木高度与粗度的平衡关系，是反映苗木抗性及造林成活率的较好指标。通常高径比大，说明苗木越细越高，苗木抗性弱，造林成活率低。反之，说明苗木越粗越矮，苗木抗性强，造林成活率高。尽管高径比适用于各种类型的苗木，但这一指标对容器苗尤为重要，因为容器苗生产中常易出现细而长的苗木。

Roller（1977）认为，如果黑云杉苗木的高径比超过6，则苗木易遭受大风、干旱和高温的危害。通常认为，高径比同苗木造林成活率以及幼林生长的关系类似于苗木地径。

六、茎根比（shoot-root ratio）

茎根比是指苗木地上部分与地下部分之比，可用干重之比或体积之比来表示，但通常干重之比小于体积之比。茎根比反映苗木根茎两部分的平衡关系，实际就是反映苗木水分和营养状况的收支平衡。茎根比是受到广泛重视的形态指标之一。

茎根比与苗木造林效果的关系与苗木大小有关。Lopushinsky and Beebe（1976）对北美黄杉和西黄松的研究表明，在苗高较大的情况下，茎根比越小，造林效果越好。因此，要评价茎根比对苗木质量的影响，必须考虑苗木的大小。

对于生长在温暖地区的苗木，尽管冬天苗木地上部分已经停止生长，但地下部分仍在生长，因此，茎根比处于不断变化之中。在这样的情况下，用某一固定茎根比来衡量苗木质量显然不妥。如Garner and Dierauf（1976）对火炬松的研究表明，当年10月苗木地上部分停止生长时，其茎根比为5.5，到翌年1月，茎根比下降为3.8，到翌年3月，则进一步下降为2.8。因此，应视起苗时间的不同来确定茎根比的大小。

一般认为，茎根比能较好表达苗木造林成活率，茎根比越小，造林成活率越高。但茎根比与造林后幼林的生长关系不密切。

七、质量指数（quality index）

由于单个形态指标通常只反映苗木的某个侧面，而苗木各部分的协调和平衡对造林成活和幼林生长又十分重要，因此人们便试图采用多指标的综合指数来反映苗木质量。Dickson 等（1960）提出苗木质量指数（QI），其计算公式如下：

$$QI = \frac{\text{苗木总干重（g）}}{[\text{（苗高 cm/地径 mm）} + \text{（茎干重 g/根干重 g）}]}$$

从公式中可以看出，苗木高径比、茎根比越小，总干重越重，则 QI 越高，苗木质量越好。

Dickson（1960）用 QI 衡量肥沃土壤上的苗木质量取得成功。随后 Roller（1976）用 QI 判定容器苗质量也取得成功。Ritchie（1984）的研究也认为，对不同类型的北美黄杉苗木，QI 均为一个好指标。QI 在我国还未应用，是否具有应用前景，值得研究。

八、顶芽（terminal bud）

顶芽的大小、有无是反映苗木质量的重要方面，特别是对一些萌芽力弱的针叶树种，发育正常而饱满的顶芽是合格苗木的一个重要条件，如马尾松、柳杉等苗木。但是，对大多数阔叶树种而言，顶芽有无对苗木质量影响不大。

对许多树种来说，顶芽高度或长度并不难测定。测定时，可用利刃将顶芽从芽基部切下，然后用卡尺便可准确测定其高度或长度。

芽内原生叶的数量越多，苗木的活力越高，造林后的生长量越大。而芽内原生叶的数量取决于芽的大小，因此，顶芽越大，苗木质量越好。对花旗松、西黄松、火炬松和湿地松等许多北美树种的研究都证实了这一点。

第三节　苗木质量生理指标

一、苗木水分状况（water status）

水分是维持苗木生命活动不可缺少的物质。苗木体内的一切生命活动都必需在水的参与下才能正常进行。缺水会对苗木的解剖、形态、生理、生化等许多方面产生不利影响。轻度缺水会引起气孔关闭，光合作用减弱。重度缺水则会破坏光合器官。苗木缺水还会影响呼吸、碳水化合物和蛋白质代谢，损伤细胞膜的结构，改变酶活性等。因此，苗木水分状况与苗木质量密切相关。大量研究和生产实践也证明，造林后苗木死亡的一个重要原因就是苗木水分失调。

Reutz（1980）发现，挪威云杉（*Picea abies*）移植苗成活率和高生长随苗木水势的下降而降低。Douglas et al（1987）的研究认为，苗木栽植后 8 天，其水势在 -0.5MPa -3.0MPa 的范围内时，苗木水势可以可靠地预测苗木的未来状况，随水势增大，苗木的造林成活率和高生长也增加。西加云杉失水处理后，苗木成活率与根系含水量密切相关。Tabbush（1987）的研究发现，西加云杉苗木失水处理 1 小时 44 分钟后，其相应的造林成活率和生长不受影响，但失水处理 3 小时 18 分钟后，造林两年后的成活率只有对照的 68%，而且高生长大大降低。如果苗木失水后，重新浸入水中，使其吸水，对提高苗木存活率没有作用，花旗松的研究结果亦如此（Tabbush，1987）。

含水量对苗木贮藏也有较大的影响。Calson（1985）认为，苗木贮藏前的含水量与白云杉苗木造林后的生长表现密切相关。Rose，R. et al（1992）研究了不同含水量的白云杉苗木冷藏后对休眠和造林表现的影响，结果发现，水分胁迫对休眠影响不大，对造林后的高生长有一定影响。

表达苗木水分状况的指标很多，如根系含水量、地上部分含水量、地上部分水势、相对含水量等。这些指标既相关又各不相同。其中最重要的指标是水势。

1. 水势（water potential）

按照 Kramer 等人（1966）的定义，一物系中的水势，是同温度下物系中的水与纯水间每摩尔体积的化学势差，单位为帕（P_a）。苗木的水势（ψ_ω）由渗透势（ψ_p）和压力势（ψ_π）组成，它们与水势的关系为：$\psi_\omega = \psi_p + \psi_\pi$

压力势是对膨胀细胞壁的一个正压力，正如气球的表面对气球内的空气所产生的压力一样，随着细胞的失水，压力便减弱。压力势是衡量苗木水分状况的一个重要指标，它对水分胁迫的反应非常敏感，如果压力势下降到一定水平，并持续较长时间，则可能对苗木产生永久伤害。渗透势是一个负压力，它是由于在势能为零的纯水中融入溶质（如糖、盐等）和其他物质而产生的，随着溶质浓度的增加，渗透势降低。纯水的渗透势为零。

以上三者的相互关系随苗木吸水和失水而发生变化，当苗木完全吸足水分时（含水量为 100%），其水势为零。这时压力势和渗透势数值相等但符号相反。随着水分的丧失，细胞膜只让水分通过，而溶质则被留下，因而细胞内溶质浓度增加，渗透势便降低。同时由于细胞失去了原有体积，压力势也减小，最终水势降低，苗木水分胁迫增加。

水势作为反映苗木水分状况最主要的指标之一，它不仅能敏感地反映苗木在干旱胁迫情况下水分的变化，而且在解释土壤－植物－大气这一连续系统中水分运动规律有其独特优点，因而成为最广泛应用的指标。

测定水势的方法很多，如压力室法、热电偶湿度计法和平衡溶液法等。现简要介绍如下：

（1）压力室法（pressure chamber method）

压力室法由 Scholander et al（1964，1965）设计，是目前应用最广泛的植物水势测定方法。该法的优点是快速、简便和精确。

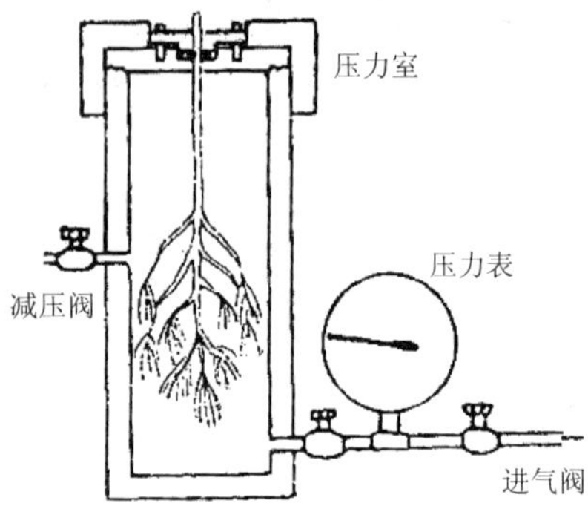

图 3-1　压力室法测定苗木水势示意图

压力室由压力瓶、压力表和一个密封压力室组成。测定水势时，将苗木叶片或苗茎剪断后插入由胶圈密封的压力室，切口向外（图 3-1）。打开压力室的开关，让压力瓶的高压空气逐渐进入压力室。当压力室的压力逐渐增加，达到一定压力后，苗茎或叶片切口处会有液流显露，这时苗木体内的水势与外加的压力达到平衡，立即计下此刻压力表的读数，标加负号就是苗木水势。

（2）热电偶湿度计法（thermocouple psychrometric method）

热电偶湿度计法是根据空气相对湿度间接推算水势。根据热力学原理，同一物质在平衡体系各相中的能量水平应相等。因此，若把待测苗木样品放在密封容器中，让其中的水分蒸发并与容器内水汽的自由能水平相等，测量和计算不同苗木密封容器内空气中的自由能水平（平衡条件下），便可根据下式推知苗木的水势：

$$水势（\psi_{\omega}）=\frac{RT}{VlnP/P^0}$$

其中，R 为气体常数；T 为绝对温度；V 为水的偏摩尔体积（$18cm^3/mole$）；P 为温度为 T 时与苗木样品相平衡的密封容器内气相的水汽压；P^0 为同温度下与纯水平衡的气相水汽压。

此法的缺点是：①测定时必需严格控制温度。②平衡所需时间长。

（3）平衡溶液法（solution equilibrium method）

平衡溶液法是将苗木样品称重，然后浸入一系列已知渗透势的溶液中，一定时间以后，苗木体内溶液的渗透势与体外平衡，取出苗木样品，吸干表面水分，重新称重。如果某一溶液中的苗木样品重量不变，则该溶液的渗透势即为苗木样品的水势。

2. 含水量（seedling moisture content）

苗木含水量是指苗木水分占苗木干重的百分比。研究发现，在一定范围内，苗木含水量与苗木造林成活率呈直线相关，随着含水量的降低，苗木造林成活率不断下降。含水量作为苗木质量生理指标的优点是测定技术简单。但含水量指标无法将正常苗木与吸足了水的死苗区别开，因此，应用时易出现问题。

3. *P*－*V* 曲线（*P*－*V* curve）

采用压力室法在苗木逐渐失水的过程中建立 $P-V$ 曲线，对研究苗木体内水分动态变化规律十分有益。用 $P-V$ 曲线还能明显地鉴别出重新吸足水分的死苗，这是含水量和仅测定单一的水势指标所不能解决的难题。

$P-V$ 曲线的制作，通常采用 Cheung（1975）和 Tyree（1978）提出的方法，具体操作步骤如下：

（1）将已恢复到近于饱和的叶子或苗茎装入压力室钢筒，以每分钟 0.2MPa 左右的速度缓慢加压，直到木质部切口开始出现水液为止。记录当时所施加的压力。随即减压 0.05，并确认水液已退入，此后再缓慢地反复升压与减压，直到能将平衡压确定到误差不超过 ±

0.007MPa 的范围为止，记录此平衡压。

（2）减低压力约 0.1MPa，等 5 分钟后，重复步骤（1），若所测得的平衡压未能与前一次的测定基本一致，则表明没有真正达到平衡压。记录新测定的平衡压，并重复步骤（2）。

（3）一旦平衡压已经确定，在叶柄或苗茎末端切口上装上一个事先经过称重，长约 5cm，内放吸水纸的塑料小管。然后缓慢加压直到超过前一次平衡压 0.2 ~ 1MPa，历时 5 ~ 40 分钟，收集被压出的水液。超压值的大小和持续时间的长短，根据每次所想取得的水液体积而定。收集好液体以后，缓慢降压到超压和前一次所测得的平衡压之间。移去收集装置，并确认液体已从木质部表面退入。

（4）回复步骤（1），接着重复整个程序直到步骤（3）。步骤（3）中所采用的超压引起叶片或苗茎内部不均匀地脱水，造成水分分配不平衡。所以在步骤（1）与步骤（2）中留出时间，让样品中的水分能重新分配，然后才能测得可靠的平衡压。

制作 P－V 曲线通常需要做不少于 10 次渐次升压的平衡压的测定，全过程需要 5 ~ 20 小时。为了减少操作过程中样品的水分蒸发，在压力室钢筒内侧应贴附一层潮湿的滤纸。用依次测得的各次平衡压的倒数为纵坐标，对应各次累计所收集的液体重量（或体积）为横坐标，便可建立如图 3-2 的 *P－V* 曲线。

根据图 3-2，可以得出下列水分关系参数：

（1）零膨压点的渗透势（ψ_p）

在所有能由 *P－V* 曲线获得的水分参数中，最重要的就是零膨压点的渗透势，因为该参数用其它方法难以导出，并且零膨压点的渗透势也是最稳定的反映苗木抗旱性的指标，根据一般的观点，零膨压点的渗透势越低（负值越大），表明苗木越能在更干旱的情况下保持正常的膨压，即抗旱能力越强。

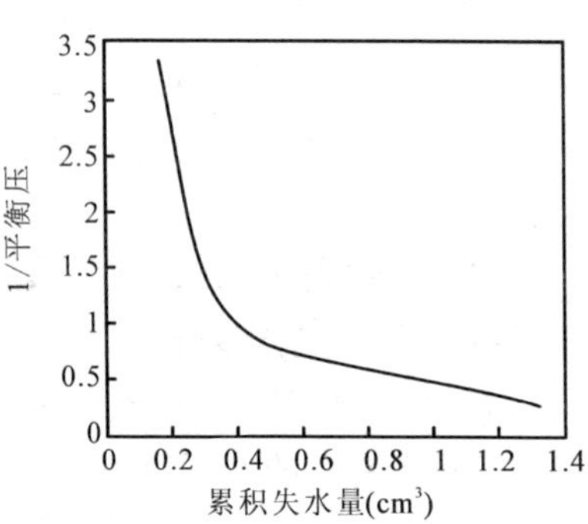

图 3-2　杉木苗 *P－V* 曲线图

（2）原初渗透势（ψ_0）

根据 Cheung（1975）的观点，较低的原初渗透势对旱生植物十分重要，它可以使细胞的伸长在水分胁迫条件下得以正常进行。

（3）零膨压点的渗透水体积与原初渗势水体积之比（V_p/V_o）

一般认为，在零膨压点，植物保存渗透水体积的能力与由细胞壁特性决定的“渗透调节”有关。在零膨压时所保存于组织里的渗透水体积占饱和值的值越大，苗木的耐旱能力越强。

（4）原初渗透势与零膨压点的渗透势之差（$\psi_0-\psi_p$）

苗木在自然状态下的失水过程中，水势要发生变化。但是，苗木水势的两个组分（渗透势和压力势）的变化速度不一定相同，如果苗木水势的降低主要由压力势的变化而形成，那么渗透势的改变就较小，因而组织的水分得以保持。经水分饱和了的植物组织失水过程中，（$\psi_0-\psi_p$）值的大小恰好能指示渗透水丢失的相对量，这个值虽然是在实验室里测定的，但是它有可能指示不同植物在实际情况下的蒸腾失水特征。

二、苗木矿质营养状况（statues of mineral nutrition）

苗木体内的矿质营养状况与苗木质量密切相关。目前已发现至少有16种营养元素参于苗木生长和发育，其中包括来自大气和水的碳、氢、氧等3种元素，氮、磷、钾、钙、镁、硫等6种大量元素，铁、锰、铜、锌、硼、钼、氯等7种微量元素。这些营养元素是苗木生长所必需的，任何一种元素的不足都会造成苗木生长不良；任何营养元素的过剩，都会对苗木生长产生不利影响，甚至毒害作用。只有各种营养物质平衡、足量地供给苗木，苗木才能健壮生长。因此，通过测定苗木体内矿质营养元素的含量，并与苗木所需营养元素的标准含量进行比较，就能对苗木的生长状况进行评定，以便提出改善苗木营养状况的措施或对苗木质量作出评价。当然，矿质营养元素对苗木生理状况的影响较为复杂，很多问题需要做进一步研究。另外，营养元素种类多，测定方法复杂，目前要用于评价苗木质量实践还存在很多问题。

苗木体内的矿质营养状况与苗木的抗寒性密切相关。如 Aldhous（1975）指出，晚秋大量施氮肥，必然导致苗木木质化程度降低，易在春天受冷害。Van den Driessche（1983）对花旗松所作的抗寒性测定也显示，过量的施肥会导致苗木抗寒性下降。但 Thompson（1982）的研究却认为，秋季施氮能增加花旗松的抗寒能力。Timmis（1974）的研究也发现，肥料对花旗松苗木的抗寒能力有一定促进作用，并提出氮/磷以 0.6 为好。Larsen（1980）指出，花旗松叶氮含量过高和过低都会降低苗木的抗寒能力，当叶组织中叶氮含量在 1.3% ~1.4% 之间时，苗木的抗寒性最高。

苗木体内矿质营养状况还与苗木的抗旱性密切相关。如 Ritchie（1984）指出，苗木矿质营养状况会影响苗木体内的水分状况，通过渗透调节，氮和钾能降低苗木蒸腾速率，而磷会引起苗木失水。高含量的氮会降低火炬松苗木的抗旱能力（Pharis and Kramer，1964）和降低扭叶松的造林成活率（Etter，1969）。van den Driessche（1980）则认为，如果提供适量、平衡的氮、磷、钾肥，则苗木的抗旱能力会增强。

苗木体内的矿质营养状况最终将影响到苗木的造林成活率。如 Smith 等的报道认为，施肥对花旗松苗木造林成活率有促进作用（Anderson and gessel，1966；Van den Driessche，1980）。另据 Bell（1968）报道，施氮肥和磷肥能增加白云杉的造林成活率。

幼林生长也与苗木矿质营养状况密切相关。通常，苗圃施肥对造林后幼林生长有明显的促进作用。如对北美黄杉（Anderson and Gessel，1966；Van den Driessche，1983）、白云杉（Mullin and Bowdery，1977；Bell，1968）、西加云杉、挪威云杉和异叶铁杉（Benzian et al，1974）等许多树种的研究都证实了这种作用。但对叶营养与幼林生长的关系，目前说法不一。如 Switzer and Nelson（1963）的研究认为火炬松叶氮含量与造林 3 年后的高生长相关密切（$r^2=0.84$）。但 Van den Driessche（1984）在研究了海岸花旗松、内陆花旗松、西加云杉、扭叶松等树种后，得到的结果是西加云杉和海岸花旗松的叶氮含量与造林后的高生长密切相关（$r^2=0.51$ and 0.31），其余两个树种相关不紧密（$r^2=0.00$ and 0.02）。Larsen et al（1984）建立了描述火炬松苗木矿质营养状况与高生长的一系列方程，结果发现以叶氮含量与高生长相关最为密切（$r^2=0.38$）。造成苗木叶氮含量与高生长的相关不紧密的原因可能有苗木形态、苗木生理活动和造林地的立地条件等（Ritchie 1984，Van den Driessche 1984）。

为了建立苗木营养状况与苗木质量的关系，必须对苗木的矿质营养状况进行诊断，诊断的方法主要有：症状分析、施肥试验、组织化学分析等。

三、苗木碳水化合物含量（carbohydrate status）

苗木光合作用产生的营养物质，一部分用于苗木生长和呼吸消耗，另一部分则以碳水化合物的形式贮藏于苗木体内。碳水化合物是苗木体内重要的营养物质，为苗木的生长提供能量和原料。从起苗到栽植后苗木能进行光合作用之前，苗木靠其体内贮藏的碳水化合物来维持生长和呼吸。如果苗木体内贮藏的碳水化合物不能满足其需要，则会死亡。因此，可以用苗木体内碳水化合物的相对含量来作为苗木质量的生理指标。

苗木冬季停止生长时，其体内将积累一定量的碳水化合物。Van den Driessche（1979）和 Ritchie（1982）对花旗松的试验表明，11 月起苗时碳水化合物含量为苗木干重的 20%，苗木冷藏 4 个月后，其碳水化合物含量下降为 15%。用碳水化合物含量不够的北美山地云杉苗造林，结果次年冬季苗木的死亡率很高，原因是苗木耐寒性差（Ronco 1973）。瑞典对欧洲赤松的研究也发现，夏末用碳水化合物累积不足的苗木造林，结果其幼林生长一直到造林后三年都受到不利影响（Ericsson et al 1983）。碳水化合物含量不足还会降低苗木的抗旱性，如 Ritchie（1982）的研究指出，碳水化合物的减少将降低细胞膜的渗透调节能力，从而影响苗木生长。Marshall（1985）提出，碳水化合物的消耗情况与造林成活与否的关系可用图 3-3 表示：

从图 3-3 可以看出，当碳水化合物贮量充足时，碳水化合物含量与苗木造林后的生长表现并不十分密切。但一旦碳水化合物贮量不足，成为苗木正常生长的限制因素，则碳水化合物的含量与苗木造林后生长表现的关系就十分密切。

四、苗木体内的生长调节物质（plant growth regulators）

苗木体内的生长调节物质控制着苗木的生长和发育，因此，可以利用生长调节物质的水平及变化情况来估价苗木的活力状况。但是，生长调节物质在苗木体内含量少，作用机理复杂，实际应用时难度较大。

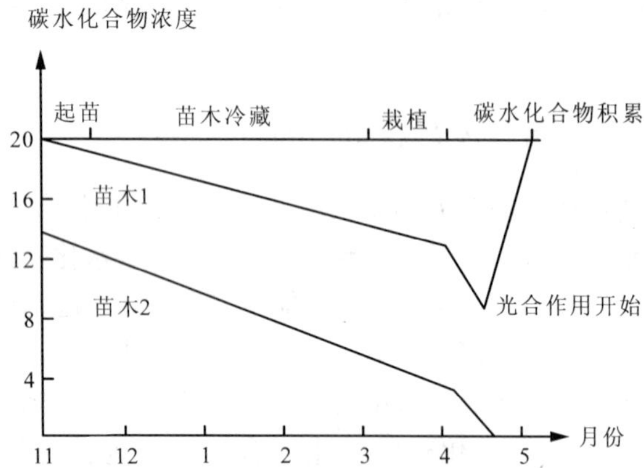

图 3-3　碳水化合物的消耗情况与造林成活与否的关系

生长素控制苗木分生组织的生长，但与苗木活力没有直接关系。细胞分裂素控制苗木细胞分裂，与苗木根系的形成关系密切。细胞分裂素水平还影响苗木休眠，但细胞分裂素难以用于估测苗木活力。赤霉素影响苗木茎的伸长和开花，但赤霉素很难提纯，加上品种很多，故难以在苗木质量估测中应用。脱落酸控制植物叶子的脱落，它与苗木休眠有关。脱落酸可以用生物分析法测定，也可用化学分析法测定，在植物生长调节物质中是最有前途用于苗木质量估测的因子。乙烯控制果实成熟和细胞伸长，苗木在贮藏期间释放乙烯。乙烯可以用于估测苗木活力，但因它是气体，难以收集。

五、细胞浸出液电导率（electrolyte conductivity，EC）

Dexter et al（1930，1932）首先提出测定受胁迫植物组织的电导率来衡量其生命力。此法的原理是植物组织受损伤后，细胞膜的完整性被破坏，细胞内的溶质溢出，使细胞外溶液的电解质浓度增大，电导率增加。电导率增加的量与组织受伤的程度成正比，与组织生活力成反比。

苗木根系浸出液电导率测定步骤如下：

（1）首先用水将根系表面的土洗净，然后用去离子水洗净根系表面可能存在的离子。

（2）取苗木根系中心部位的部分，通常为离根茎处 2.5cm 以外的幼根。

（3）除去根系样品中大于2mm的根系，仅留下“须”根。

（4）将须根置于盛有16mL去离子水的28mL玻璃容器中。

（5）盖好容器，摇匀，在室温下放置24小时。

（6）用温度补偿电导仪测定溶液的电导率值，即为$C_{活}$。

（7）将样品在100℃下灭活10分钟。

（8）测定死组织溶液的电导率值，即为$C_{死}$。

（9）活组织的电导率值除以死组织的电导率值即得到根系浸出液相对电导率：

$$REL = (C_{活}/C_{死}) \times 100$$

电导率可用于测定苗木的耐寒能力，如Van den Driessche（1969，1976）对花旗松、Green等（1978）对欧洲赤松、Colombo等（1981，1989）对白云杉和黑云杉、Berrang等（1986）对刚松的研究等都证实了这一点。电导率不但可用于直接测定苗木的耐寒能力，而且可用于预测苗木对寒冷胁迫的反应。电导率还可以用于估测耐寒能力的遗传变异（Kolb et al 1985，Raymond et al 1986）、空气污染对苗木的影响（Keller 1986，Leith et al 1989）和其它胁迫对苗木的影响，如叶片失水（Leopold et al ）。

电导率测定具有快速、测定样品量大、精确和成本低等优点。不足是为有损检测、测定基准因季节而变化。

五、根系脱氢酶活性（activity of dehydrogenase）

最早用TTC法测定植物组织生活力的是Roberts（1951，1957）和Parker（1951，1953）等人。他们采用的是定性描述。Steponkus and Lanphear（1967）改进了这一技术，提出了TTC定量法。该法的原理是苗木须根浸入无色四唑溶液中，由于须根活细胞中的脱氢酶产生氢，使溶液中的四唑经氢的作用，生成稳定、不溶于水、不转移扩散的红色物质三苯基甲月替（TTCH）。因脱氢酶的活性与细胞的呼吸强度有关，四唑的还原数量也就与苗木根系活力的强弱呈正比，即溶液染色越深，苗木活力越高。具体测定方法可以参照本书第二章TTC定量法测定种子活力的内容。

六、叶绿素萤光（variable chlorophyll fluorescence，F_{VAR}）

在一个有生命的植物体中，被叶绿粒吸收用于光合作用的部分光能会以红外长波光的形式反射出去（Kautsky and Hirsch，1931，Kautsky and Frank，1943）。这一现象被称为 Kautsky 效应或简称为 F_{VAR}（Hipkins and Baker 1986，Geacintov and Breton，1987）。从叶绿体膜中反射出的红光与光合作用的主要过程有关，包括光的吸收、能量转换的激活和光系统 II 的光化学反应。叶绿素萤光反应是植物光化学反应的指示物，因物种、季节、环境、样品情况和其它影响植物生理作用的因素有关。因此，可测定叶绿素萤光的变化来反映苗木的质量状况。

近年来，植物生理的许多领域已越来越多地应用萤光测定。如用于测定冷害、监测耐寒能力、研究水分作用、探测胁迫状况和生理生态调查等。

叶绿素萤光测定是直接测定叶绿体膜的生理状况。能与电导测定、根生长势测定和胁迫诱导挥发性物质测定等生理评价方法结合应用。这项测定所需的时间很短，先将材料置于黑暗下 20 分钟，然后再过几分钟就能测出结果，该法具有可靠、提供瞬间结果、完全无损的特点，用于测定生长阶段苗木的生理状况优势明显。

叶绿素萤光测定在以下方面有潜力发挥作用：①确定起苗时间；②测定苗木贮藏后的活力；③监测环境条件对光合作用的影响；④测定针叶树种源光化学作用的差异。

七、有丝分裂指数（mitotic index，MI）

苗木通常从秋季开始有丝分裂指数减少，到冬季降到最低，直至为零。不同树种、种源的苗木，有丝分裂指数不同。据 Macey（1982）报道，白云杉的有丝分裂指数与苗木抗寒性密切相关，由此可利用有丝分裂指数预测苗木耐冷藏的能力。Colombo et al（1989）对黑云杉的研究也得到了类似结果。Dunsworth and Hartt（1987）发现，有丝分裂指数可用于区分不同种批的花旗松苗木。Dunsworth and Kumi（1982）将有丝分裂指数用于研究根系活动，结果发现，有丝分裂指数可以监测花旗松和太平洋冷杉苗木根系活动的季节变化。已有足够的证据表明，有丝分裂指数与其它苗木抗性测定结合使用，在起苗到栽植期，对苗木质量的评价将起重要作用。但 Macey（1982）指出，有丝分裂指数不能用于预测起苗日期，因为进入冬季后芽开始休眠，但一遇适宜条件，芽便会萌发，这说明有丝分裂指数不能反映苗木的休眠状况。

八、打破芽休眠的日期（days to bud break，DBB）

打破芽休眠的日期可用于估测针叶树苗木的休眠程度（Ritchie 1984，Ritchie et al，1985）。打破芽休眠的时间越长，休眠的程度越深。DBB 的测定与根生长势（RGP）的测定类似，可将苗木置于适宜的环境条件下，测定顶芽萌发所需的天数。在 DBB 的基础上，Ritchie（1986）提出休眠解除指数（Dormancy release index DRI）的概念，DRI 可表示为苗木预冷处理后休眠解除的天数与 DBB 之比。Ritchie（1986）建立了一些针叶树 DBB 与芽休眠状况、抗寒性、抗逆性以及根生长势等因子的关系。认为苗木的最大抗逆性出现在数百小时的预冷处理之后。DBB 是一种简便、直接、低廉的测定方法，但该法在生产上的应用并不多，原因是测定时间过长。

九、胁迫诱导挥发性物质测定（stress induced volatile emissions，SIVE）

测定的原理是针叶树苗木在胁迫状况下，其体内的一些低分子量碳氢化合物会逸出。如在空气污染、缺水和冻害等胁迫情况下，木本植物会挥发出乙烯、乙烷、乙醇、乙醛等物质。所产生气体的量与胁迫的程度有关。乙烯作为植物生长调节剂的一种，是苗木胁迫反应的组成部分之一。乙烷是细胞伤害的敏感指示物。上述两种气体可共同用于指示苗木胁迫和伤害。乙醇和乙醛也可用于指示胁迫伤害。在四种气体中，乙醇和乙醛是快速监测抗逆性和植物组织质量的最佳选择。

据研究，乙醇和乙醛可以用于测定苗木的抗寒性。随温度的降低，乙醇的量减少，而乙醛的量增加。Hawkins and De Yoe（1990）建立了挥发性气体量与电导率以及目视症状的相关关系，认为关系密切。因此，SIVE 可以用于测定苗木受冷害程度和抗寒能力。从起苗到栽植过程中，苗木遭受胁迫，挥发性气体的量显著减少，然后缓慢恢复到原有的水平，恢复的时间与苗木受胁迫的程度有关，胁迫愈深，恢复愈慢。

因此，SIVE 可用于起苗到造林期间胁迫程度的测定。

SIVE 的主要优点是快速和能在症状出现之前监测微小的物理机械损伤。另外，SIVE 可以在贮藏运输期间监测苗木的质量变化。SIVE 的缺点是有损检测和测定费用高。

第四节 苗木质量生物物理指标

一、电阻抗（electrical impedance）

此法是将苗木茎干作为一个电容器，通过测定其电阻抗，建立苗木茎干电阻抗与苗木受冻害程度的关系，来评价苗木质量。因此，该法主要用于测定苗木受冻害程度。通常可比较苗木低温处理前后的电阻抗之差，差值越小，苗木受冻害越轻。影响测定值的因素主要有苗木大小、测定温度、苗木含水量、电极类型和电流频率等。苗木直径越小，电阻抗越大，但如果苗木直径大于 0.5cm，则苗木大小对电阻抗的影响很小。测定温度越低，苗木电阻抗越大。苗木电阻抗法是一种快速无损的检测方法，可以直接用于测定苗木受冻害情况，但该法对测定温度的要求较高，在田间测定难以控制。另外，建立的电阻抗与苗木质量的关系不是很稳定。

二、热差分析（differential thermal analysis，DTA）

此法是利用热量计，测定样品鲜枝条与烘干枝条在冷冻时的热量差，低温放热的量与苗木受冻害的程度有关。此法主要用于测定苗木的木质部组织，但也可以用于测定化芽、营养芽和叶片（Quamme et al，1982）。此法的缺点是不能用于硬阔叶树（Burke et al，1976；Sakai，1982）。此法尚在研究中。

三、红外自动温度计检测苗木体表温度（Infrared thermography）

为了快速、无损地检测苗木的休眠和其它生理状况，C. phillip Weatherspoon and Robert J. L.（1985）提出用红外自动温度计测定苗木体表的温度变化，以达到估测苗木质量的目的。其依据是植物体表的温度变化与两项苗木的重要生理活动有关：1）苗木叶片的温度与气孔开张度有关，而气孔开张度又与苗木的水分状况有关。2）种子、苗木的芽、根尖的温度与生命活动的速率有关。初步的试验结果表明，苗木叶片的温度变化与苗木气孔张开度密切相关，可用于估测苗木的水分状况。但用测定种子、苗木芽、根尖温度变化的方法来估测苗木生命活动速率的试验没有成功。

第五节　苗木质量活力指标

一、根生长势

根生长势（root growth potential）是指苗木在适宜环境条件下新根发生和生长的能力。自 Stone（1955）首先提出这一概念以来，作为评价苗木质量的重要因子，得到广泛研究和应用。特别是 1979 年国际林联（IUFRO）在新西兰召开苗木质量问题国际学术会议后，有关根生长势的研究更是呈指数增长。许多林业机构已经把根生长势作为造林前检测苗木质量的常规指标（Sutton，1990，Landis and Skakel，1988）。

1. 根生长势与造林成活率及幼林生长的关系

有关根生长势与造林成活率及幼林生长关系的研究很多，主要集中于针叶树。Ritchie and Dunlap（1980）综述了 26 篇有关文献，结果发现，85% 的文章表明根生长势与造林后苗木的田间表现成正相关，15% 的文章显示不相关或存在负相关。Ritchie et al（1990）又综述了其后的 12 篇研究报告，结果发现，75% 的文章显示正相关，25% 的文章表明弱相关或不相关。认为有密切相关的文章很多，如 Stone（1955）发现，根生长势与美国蓝叶松（*Pinus jeffreyi*）造林成活率密切相关。Rhea（1977）对火炬松（*Pinus taeda*）、Burdett et al（1983）对白云杉（*Picea glauca*）、McMinn（1980）对扭叶松（*Pinus contorta*）的研究也得到了类似结果。根生长势与幼林生长也有密切相关，如 Von Althen 和 Webb（1978）对糖槭（*Acer saccharum*）、Burdett et al（1983）对扭叶松和白云杉的研究都证明了这一点。

也有少数研究认为根生长势与造林成活率及幼林生长的关系不密

切。如 Sutton（1983）对北美短叶松（*Pinus banksiana*）和黑云杉（*Picea mariana*）的研究结果就是如此。Brissette 和 Roberts（1984）也认为火炬松的根生长势与造林成活率及幼林生长的相关不密切。造成根生长势与造林后苗木的田间表现关系不密切的原因很多，不易确定，但至少有三条是可能的：①根生长势测定不当，误差较大；②造林时苗木处理不当；③造林地的立地和气候条件复杂造成了研究结果的偏差。

通常情况下，弱苗在不良立地条件下造林和壮苗在良好立地条件下造林时，根生长势与造林后苗木的田间表现关系密切。而弱苗在良好立地下造林和壮苗在不良立地下造林时，根生长势与造林后苗木的田间表现不密切（Burdett，1987）。

2. 影响根生长势的因子

（1）内因

影响根生长势的内因有树种、苗批、苗木类型、家系等。例如，在同一圃地，西加云杉（*Picea sitchensis*）的根生长势大于花旗松（Cannell et al，1990），扭叶松的根生长势大于北美山地云杉（*Picea engelmannii*）。Sutton（1983）曾报道不同苗批的北美短叶松和黑云杉根生长势存在较大差异。不同家系的苗木，其根生长势也有差异，如辐射松（*Pinus radiata*）（Nambiar et al，1982）。苗木茎和叶的状况也是影响根生长势的重要因素，因为叶子供应根生长所必须的营养物质。如果苗木因虫害、冻害等原因落叶过多，则会使根生长势下降（Colombo and Glerum，1984）。

（2）外因

影响根生长势的最重要外因之一是土壤温度。对许多树种，苗木根生长的最适温度是20℃（Stone et al 1959，Stupendick 1979）。土壤湿度是另一个重要因素，苗木对水分十分敏感，如果水分供应不足，则根系生长减慢。Ritchie（1984）对北美黄杉（*Pseudotsuga menziesii*）的研究认为，土壤水分胁迫约为 -0.2MPa 时，苗木根生长势比对照减少约三分之一。对其它树种，也得到了类似的结果（Stone and Jenkinson 1970，Abod et al 1979，Nambiar et al 1982）。起苗时间也是影响根生长势的主要因素，Ritchie 和 Dunlap（1980）认为冬天起苗的苗木根生长势比秋天或春天起苗的苗木强。Cannell et al（1990）研究西加云杉及花旗松不同起苗时间的根生长势后发现，西加云杉根生长势最大值出现在 3 ~ 4 月，而花旗松则出现在 12 月。另外，土壤紧密度，栽植方法等也对根生长势有一定影响。

3. 根生长势的测定方法

（1）基本方法

基本测定方法由 Stone 等人（Stone et al 1955）提出，并一直使用至今。其基本程序是：将苗木洗净，剪去露白的新根，然后植于营养钵中，培养基为 1∶1 的泥炭和蛭石。培养基应排水良好。苗木置于温室或生长箱中培养，温度 20℃，16 小时光照，不需施肥。4 周后取出苗木，洗净，统计新根生长情况。

（2）快速测定方法

为了缩短测定时间，Burdett（1979）提出测定根生长势的快速方法。测定条件为：温度白天 30℃，晚上 25℃，16 小时光照，光照强度 25000 Lux，相对湿度 75%。其它与基本方法相同。

（3）水培

水培由 Winjum（1963）提出，其方法是将苗木置于透明水槽中，水槽的盖子挖孔，以支持苗木。培养条件与基本方法相同，只是槽水需通气。水培有以下优点：①节省了大量培养介质。②根系有更好的伸展空间。③新根干净，且易与老根区分，不会因起苗而伤根，因此测定结果更准确。④便于应用拍照和排水法测定新根生长情况。⑤可以在测定过程中观察新根生长情况，为缩短测定时间提供可能。⑥易于管理，不需浇水。

4. 根生长势的表达指标

培养结束后，便是测定新根的生长情况。目前表达根生长势所用的指标较多，如：新根数量、新根总长、>1cm 的新根数量、新根体积、新根干物质重量等。因为指标太多，给根生长势的统一评价带来困难。鉴于上述指标的测定均较繁琐，Burdett（1979）提出了一套简便的测定方法，即测定新根生长指数，具体做法是将新根生长情况分为如下六级：

级别	新根生长情况
0	没有生长新根

1	有一些新根，但没有超过1cm者
2	1~3条新根超过1cm
3	4~10条新根超过1cm
4	11~30条新根超过1cm
5	30条以上新根超过1cm

据研究，用上述分级方法测定新根生长情况，方法简便，可比较性强，便于实际应用。

5. 应用根生长势评价苗木质量的优缺点

根生长势如同种子发芽率，是评价苗木质量的最主要指标之一，根生长势不仅可以准确可靠地估价苗木质量，而且可以作为其它测定方法好坏的参照。但是，测定是在最适条件下进行的，而造林地的立地条件是千变万化的。因此，根生长势好的苗木，造林后的田间表现不一定绝对好。另外，因测定所需时间较长，对根生长势指标的推广应用有一定的不利影响。

二、苗木耐寒性测定

苗木耐寒性（frost hardiness test）是指在寒冷情况下存活一定数量的苗木所能忍受的最低温度。通常用50%的苗木致死的温度（LT_{50}）来表示苗木的耐寒水平（Van den Driessche 1976）。如果造林时苗木遭受忍耐极限以下的低温，苗木将会死亡。因此，耐寒性是影响造林成活率的一个重要因素，是表达苗木质量的一个重要因子。

从秋季开始，随着光合作用的减弱，温度的降低等，苗木的耐寒性迅速增加，到冬季达到最大，即所能忍受的温度最低。不同树种所能忍受的温度不同，如花旗松最低为-27℃，西加云杉为-40℃（Cannell et al 1990），对一些北美北部的云杉和冷杉，最低可能达到-70℃（Sakai，1978）。次年春季，随着温度的升高，苗木耐寒性又逐渐减弱。

苗木在贮藏期间，其耐寒性不会增加，最多只能保持起苗时的耐寒水平。如Cannell et al（1990）的研究发现，西加云杉11月份起苗时具有-28℃的抗寒能力，贮藏4个月后，苗木只能忍受-23℃的低温。Cannell（1990）的研究还发现，贮藏的苗木在3~4月份耐寒能力迅速下降，其耐寒能力比留圃苗相差12℃。

苗木耐寒的机制很复杂，包括许多相互影响的因素。如植物组织忍耐冷冻脱水的能力，阻止细胞内致死冰晶形成的能力，忍受细胞内非致死冰晶形成的能力等。

评价苗木耐寒性的方法是将冷冻处理后的苗木置温室中培育，数周后检查苗木生长情况，包括根系生长情况。Menzies and Holden（1981）提出了评价辐射松、加州沼松和花旗松苗木遭受冻害程度的等级表：

受冻害程度	等级
无	0
芽未受冻害，但针叶变红	1
芽受冻害，10%～30%的针叶死亡	2
40%～60%的针叶死亡	3
70%～90%的针叶死亡	4
所有针叶死亡，茎干死亡	5

三、OSU 苗木活力测定（OSU vigor test）

苗木在起苗到造林的过程中，常常会遭遇许多不利因素，如根系曝露、失水等。经过上述逆境，有的苗木成活，有的苗木死亡。基于这一认识，Hermann 于20世纪六七十年代在俄勒冈州立大学逐步提出一种测定苗木活力的方法，后被称为 OSU 活力测定。此法是将苗木置于人工逆境下处理，然后在控制条件下培育，监测苗木的生长情况。如果苗木生长情况很好，则说明该批苗木健壮，活力强，具有较高的潜在造林成活率和林分生产力。如果苗木生长状况不佳或死亡，则说明苗木抗逆性差，活力不高，质量差。

第六节　苗木调查方法

在苗木地上部分停止生长后，开展苗木质量、产量调查，为苗木出圃、贮运和销售提供依据，是苗木生产的重要技术环节。苗木调查所得到的质量和产量数据，是否代表苗木的实际情况，主要取决于抽样方法与苗木检测的准确程度。苗木调查的的抽样方法必须应用数理统计的原理，进行科学的抽样。在苗木调查中最常用的是机械抽样法（又称系统抽样法）。它的特点是：各样地的距离相等，样地分布均匀。机械抽样法的起始点用随机法定点。现以机械抽样法为例，介绍苗木调查的具体方法和步骤。

一、划分调查区

调查工作开始时要了解育苗技术档案资料，进行现场踏查，以确定哪些地快可以划归为一个调查区。凡树种、苗木种类、苗龄、作业方式以及育苗的主要措施都相同的育苗地可以划为一个调查区，进行调查统计。调查区划分好后，按一定的顺序，将床（畦、垄）编号，记下总数。

二、样地种类

苗木调查一般常用的样地分为方形和线形，即样方和样段。样方是以长方形地段作为调查单元，适用于条播、撒播及行距小的插条和移植育苗；样段是以一条线形的地段作为调查单元，适用于条播、点播、插条和移植育苗。

三、样地规格

样地面积的大小取决于苗木密度、育苗方法和要求检测苗木质量的株数等条件。一般以 30 ~ 50 株苗木所占面积为样地面积。

四、样地数量

样地数量的多少，直接影响到调查精度和调查工作量。样地数量受苗木的密度和苗木质量的变动情况所支配。一般情况下，初设样地数为 20 ~ 50 个，就能达到要求的精度。通过初设样地调查苗木的质量，调查结束后，计算苗木质量的调查精度，如果达到要求的调查精度，则可结束外业。如果没有达到要求的调查精度，则用下列公式可计算出实际所需样地数。

$$n = \left(\frac{t \cdot c}{E}\right)^2$$

式中：n——样地块数；

t——可靠性指标（可靠性为95%时，查 t 分布表得 $t=1.96$）；

c——变异系数；

E——允许误差百分率（精度为95%时，$E=5\%$）。

上式中t、E是已知数，变动系数c值参考过去的变动系数确定。如无过去资料，可根据极差来确定，即根据正态分布的概率一般以标准差的5倍来估算，由极差估算该调查区的标准差，然后由标准差求变动系数。具体做法是在调查区内已设定的样地面积范围内，找出比较密的株数与比较稀的株数之差，定为极差。按以下公式计算：

$$S=\frac{X_{max}-X_{min}}{5}$$

$$C(\%)=\frac{S}{X}\times 100\%$$

式中：S——粗估标准差；

X_{max}——单位面积内最大密度（以株数表示）；

X_{min}——单位面积内最小密度（以株数表示）；

X——单位面积内平均密度（以株数表示）。

例如：杉木一年生播种苗，以平均密度为26株所占面积为0.25m^2定为样地面积，在调查区内以0.25m^2的样地面积找比较密的株数如为30株，比较稀的株数如为21株，则：

$$极差\ R=30-21=9$$

$$S=\frac{9}{5}=1.8$$

$$C\%=\frac{S}{X}\times 100=\frac{1.8}{26}\times 100=6.9\%$$

$$n=\left(\frac{t\cdot c}{E}\right)^2=\left(\frac{1.7\times 0.069}{0.05}\right)^2=6\ (块)$$

为了保证调查精度，在粗估需设样地块数时，以95%的精度，允许误差百分数为5%，可使粗估的样地数接近实际需要设的样地数。

粗估样地块数确定后，用机械抽样法将样地落实在调查区内。

五、样地布设

在调查区内样地布设是否均匀，能否有代表性，对苗木质量调查结果影响很大，同时也直接关系到调查结果的可靠性和精度，所以样地布设必须客观、均匀分布，才能有最大代表性。

通常用机械抽样法布设样地。

如果是样方，则需计算出样地的中间距离。按下列公式计算：

$$d = \frac{M}{n}$$

式中：d——样方的中间距离；

M——调查地面积；

n——样方数。

如果是样段，则需计算出样段的间隔距离。按下列公式计算：

$$d = \frac{L}{n}$$

式中：d——样段的间隔距离；

L——调查地长度；

n——样段数。

六、检测苗的间隔株数计算

根据计划检测苗总数和样地总数则可算出每个样地需要检测苗的数量。检测苗的间隔株数按下列公式计算：

$$n = \frac{X \cdot N}{C}$$

式中：n——间隔株数；

X——样地平均株数；

N——样地数；

C——计划检测苗数。

不管各个样地中苗木数量多少，一律按计算的间隔株数确定检测对象。

七、苗木质量指标的调查

苗木质量调查时，用系统抽样法抽取一定数量样苗进行苗木检测，并将结果分别记入表 3-1 中。

苗木质量调查内容主要是：产苗量、苗高、地径、主根长、≥5cm长Ⅰ级侧根数和根幅等。这些指标的检测方法如下：

（1）地径

用游标卡尺测量，如测量的部位出现膨大或干形不圆，则测量其上部苗干起始正常处，读数精确到0.05 cm。

（2）苗高

用钢卷尺或直尺测量，自地径沿苗干量至顶芽基部，读数精确到1 cm。

（3）主根长

用钢卷尺或直尺测量，从地径处量至根端，读数精确到1 cm。

（4）≧5cm长Ⅰ级侧根数

点数直接从主根上长出的长度在5cm以上的侧根条数。

（5）根幅

用钢卷尺或直尺测量，以地径为中心量取其侧根的幅度，如两个方向根幅相差较大，应垂直交叉测量两次，取其平均值，读数精确到1 cm。

表3-1 苗木调查记录表

编号：__________

树种（品种）：__________ 苗木种类：__________ 苗龄：__________

样地号：__________ 调查数量：__________ 株

苗木生产单位 __________

株号	地径 cm	苗高 cm	根系长 cm	Ⅰ级侧根数	根幅 cm	质量等级		
						Ⅰ级	Ⅱ级	不合格

抽样人（签字）：__________

负责人（签字）：__________

调查时间： 年 月 日

八、精度计算

苗木检测后，首先要分别计算各质量指标的平均值、标准差、标准误和误差百分数。然后按下列公式计算精度：

（1）平均数

$$\bar{X} = \frac{\sum_{i=1}^{n} X_i}{n}$$

（2）标准差

$$S = \sqrt{\frac{\sum_{i=1}^{n} X_i^2 - n\bar{X}^2}{n-1}}$$

（3）标准误

$$S_{\bar{X}} = \frac{S}{\sqrt{n}}$$

（4）误差百分数

$$E\% = \frac{t \cdot S_{\bar{X}}}{\bar{X}}$$

（5）精度

$$P = 1 - E\%$$

若精度没有达到规定要求，则需补设样地。先按：

$c\,(\%) = \frac{S}{X} \times 100$ 求出初估样地的变动系数；

再按：$n = \left(\frac{t \cdot c}{E}\right)^2$

计算应设样地数。精度达到规定要求后，才能计算苗木质量指标。

九、苗木质量指标计算

各项质量指标的平均值即为苗木质量指标。

十、Ⅰ、Ⅱ级苗木百分率计算

根据每株苗木的调查数据，查 GB6000－1999《主要造林树种苗木质量分级》表，确定每株苗木的质量等级。分级时，首先看根系指标，以根系所达到的级别确定苗木级别，如根系达到Ⅰ级苗的要求，苗木可为Ⅰ级或Ⅱ级，如根系只达到Ⅱ级苗的要求，该苗木最高也只为Ⅱ级，在根系达到要求后按地径和苗高指标分级，如根系达不到要求则为不合格苗。合格苗分Ⅰ、Ⅱ两个等级，由地径和苗高两项指标确定，在苗高、地径不属于同一等级时，以地径所属级别为准。

苗木等级确定后，即可按下式计算Ⅰ、Ⅱ级苗百分率：

$$\text{Ⅰ级苗百分率\%} = \frac{\text{Ⅰ级苗株数}}{\text{调查苗木总株数}} \times 100$$

$$\text{Ⅱ级苗百分率\%} = \frac{\text{Ⅱ级苗株数}}{\text{调查苗木总株数}} \times 100$$

参考文献

[1] 孙时轩主编．造林学［M］．北京：中国林业出版社，1992

[2] 中华人民共和国国家标准．GB6000－1999《主要造林树种苗木质量分级》．北京：中国标准出版社，2000

[3] Andersen, C. P. et al. 1986. Effects of root zone temperature on root initiation and elongation in red pine seedlings [J]. Can. J. For. Res. 16: 696～700.

[4] Berrang, P. C. et al. 1986. Seasonal changes in the cold tolerance of Pitch pine [J]. Can. J. For. Res. 16: 408～410.

[5] Brissette J. C. and T. C. Roberts. 1984. Seedlings size and lifting date effects on root growth potential of loblolly pine from two Arkanasas nurseries [J]. Tree planters' notes, 35: 34～38.

[6] Burdett A. N. et al. 1983. Root development and plantation establishment success [J]. plant and soil, 71: 103～110.

[7] Burdett A. N. 1987. Understanding root growth capacity: theoretical considerations in assessing planting stock quality by means of root growth tests [J]. Can. J. For. Res. 17: 768～775.

[8] Burr et al. 1989. Relationships among cold hardiness, root growth potential and bud dormancy in three conifers [J]. tree physiology 5: 291～306.

[9] Cannell M. G. R. et al. 1990. Sitke spruce and Douglas fir seedlings in the nursery and in cold storage: Root Growth potential, Carbohydrate content, Dormancy, Frost hardiness and Mitotic index [J]. Forestry, 63 (1) 10～27.

[10] Carlson W. C. 1986. Root system considerations in the quality of loblolly pine seedlings [J] . Southern J. App. For. 10: 87 ~ 92.

[11] Colombo S. J. and C. Glerum. 1984. Winter injury to shoots as it affects root activity in black spruce container seedlings [J] . Can. J. For. Res. 14: 31 ~ 32.

[12] Colombo, S. J. et al 1989 Winter hardening in first year black spruce (Picea mariana) seedlings [J] . physiol. Plant. 76: 1 ~ 9.

[13] Dewald L. E. et al. 1987. Changes in loblolly pine root growth potential from September to April [J] . Can. J. For. Res. 17: 635 ~ 543.

[14] Dexter, S. T. et al. 1930. Preliminary results in measuring the hardiness of plants [J] . Plant physiol. 5: 315 ~ 223.

[15] Dexter, S. T. et al. 1932. Investigation on the hardiness of plants by measurement of electrical conductivity [J] . plant physiol. 7: 63 ~ 78.

[16] Donald, D. G. M. 1988. The effects of season on the root growth capacity of one year old Pinus radiata seedlings [J] . South African Forestry J. 147: 6 ~ 8.

[17] Douglas D. et al. 1987. Predicting field performance of Douglas fir seedlings: comparison of root growth potential , vigor and plant moisture stress [J] . New Forests 3: 153 ~ 169.

[18] . Dunsworth, B. G. et al. 1982. A new technique for estimating root system activity [J] . Can. J. For. Res. 12: 1030 ~ 1032.

[19] Fuchigami, L. H. ; Nee, Cheng - chu. 1987. Degree growth stage model and rest breaking mechanisms in temperate woody perennials [J] . HortSci, 22: 836 ~ 845.

[20] Glerum, C. 1980. Electrical impedance techniques in physiological studies [J] . New Zealand J. Forestry Sci. 10: 196 ~ 207.

[21] Grossnickle, S. C. et al. 1993. Stock quality assessment: Forecasting survival and performance on a reforestation site [J] . Tree Plants´Note, 44 (3): 113 ~ 121.

[22] Hawkins, C. D. B. et al. 1990. State of the art seedling stock quality tests based on seedling physiology, Vhapter 8, pp. 91 ~ 121. In: Rose, R. et al (Eds) Target seedling symposium USDA For. Serv. Gen. Tech. Rep. RM - 200.

[23] Johnson - Flanagan, A. M. ; Owens, J. N. 1985. Root growth and root growth capacity of white spruce (Picea glauca) seedlings [J] . Can. J. For. Res. 15: 625 ~ 630.

[24] Keller, T. 1986. The electrical conductivity of Norway spruce needle diffusate as affected by certain air pollutants [J] . Tree physiol. 1: 85 ~ 94.

[25] Kolb, T. E. et al. 1985. Seasonal and genetic variations in loblolly pine cold toler-

ance [J] . For. Sci. 31: 926 ~ 932.

[26] Landis, T. D. ; Skakel, S. G. 1988, Root growth potential as an indicator of out planting performance: problems and perspectives In: proc. Combined western nursery council: 106 ~ 110. Forest nursery Assn. Meeting, 1988 August 8 ~ 11, vernon British Columbia.

[27] Langerud, B. 1991. " planting stock quality": a proposal for better terminology [J] . Scand. J. For. Res. 6: 49 ~ 51.

[28] Leopold, A. C. et al. 1981. Solute leakage resulting from leaf desiccation [J] . plant physiol. 68: 1222 ~ 1225.

[29] Mattson, A. 1986. Seasonal variation in root growth capacity during cultivation of container growth Pinus sylvestris seedlings [J] . Scand. J. For. Res. 1: 473 ~ 482.

[30] Menzies M. I. and D. G. Holden. 1981. Seasonal frost tolerance of pinus radiata, Piuns mvricata and Pseudotsuga menziesii [J] . New zealand J. of Forestry Sci. 11: 92 ~ 99.

[31] Nambiar, E. K. S. , et al. 1982. Genetic differences in the root regeneration of radiata pine [J] . Journal of experimental botany, 33: 170 ~ 177.

[32] Puttonen, P. 1989. Criteria for using seedling performance potential tests [J] . New Forests, 3: 67 ~ 87,

[33] Quamme, H. A. et al. 1982. Relationship of supercooling to cold hardiness and the northern distribution of several cultivated and native prunus species and hybrids [J] . Can. J. Plant Sci. 62: 137 ~ 148.

[34] Raymond, C. A. et al. 1986. A conductivity method for screening populations of Eucalyptus for frost damage and frost tolerance [J] . Aust. J. Bot. 34: 377 ~ 393.

[35] Ritchie, G. A. and J. R. Dunlap. 1980. Root growth potential : its development and expression in forest tree seedlings [J] . N. Z. J. For. Sci. , 10: 218 ~ 248.

[36] Ritchie, G. A. 1982. Carbohydrate reserves and root growth potential in Douglas fir seedlings before and after cold storage [J] . Can. J. For. Res. 12: 905 ~ 912.

[37] Ritchie, G. A. 1984. Effect of freezer storage on bud dormancy release in Douglas fir seedlings [J] . Can. J. For. Res. 14: 186 ~ 190.

[38] Ritchie, G. A. and R. G. shula. 1984. seasonal changes of tissue water relations in shoots and root systems of Douglas fir seedlings [J] . Forest Science, 30: 536 ~ 546.

[39] Ritchie, G. A. 1984. Assessing seedling quality, Pages 243 ~ 259, in Forest nursery

manual : Production of bareroot seedlings (M. L. Duryea and T. D. Landis, eds) .

[40] Ritchie, G. A. et al. 1985. Physiological quality of lodgepole pine and interior spruce seedlings: effects of lift date and duration of frozen storage [J] . Can. J. For . Res. 15: 636 ~ 645.

[41] Ritchie, G. A. 1985. Root growth potential: principles, procedures and predictive ability pp 93 ~ 104. In: proc. Evaluating seedling quality: principles, procedures and predictive abilities of major tests. Workshop held Oct. 16 ~ 18, 1984, Forest research laboratory. Oregon state University, Corvallis.

[42] Ritchie, G. A. 1986. Relationship among bud dormancy status, cold hardiness, and stress resistance in 290 Douglas fir [J] . New For. 1: 29 ~ 42.

[43] Ritchie, G. A. and Tanaka, Y. 1990. Root growth potential and the target seedling, pp 37 ~ 51. In: Rose, R. et al (Eds) Proc. of the 1990 combined meeting of the western forest nursery associations, Roseburg, OR, USA, USDA Forest service general technical report RM ~ 200.

[44] Rietveld, W. J. 1989. Evaluation of three root growth potential techniques with three seedlings [J] . New Forests, 3: 181 ~ 189.

[45] Rose, R. , et al. 1992. Dormancy release and growth responses of 3 + 0 bare root white spruce (Picea glauca) seedlings subjected to moisture stress before freezer storage [J] . Can. J. For. Res. 22: 132 ~ 137.

[46] Sandvik, M. 1980. Environmental control of winter stress tolerance and growth potential in seedlings of picea abies [J] . N. Z. J. For. Sci. 10: 97 ~ 104.

[47] Stone, E. C. 1955. Poor survival and the physiological condition of planting stock [J] . Forest Science, (1): 90 ~ 94.

[48] Sutton, R. F. 1983. Root growth capacity: relationship with field root growth and performance in out planted jack pine and blue spruce [J] . plant and soil, 71: 111 ~ 122.

[49] Sutton R. F. 1990. Root growth capacity in coniferous forest trees [J] . HortSci. 25 : 259 ~ 266.

[50] Tabbush, P. M. 1987. Effect of desiccation on water status and forest performance of barerooted Sitka Spruce and Douglas fir transplants [J] . Forestry, 60 (1) 31 ~ 43.

[51] Van den Driessche, R. 1980. Effects of nitrogen and phosphorus fertilization on Douglas fir nursery growth and survival after out - planting [J] . Can. J. For. Res. 10: 65 ~ 70.

[52] Van den Driessche R. 1983. Growth, Survival, and physiology of Douglas fir seedlings following root wrenching and fertilization [J]. Can. J. For. Res. 13: 270 ~ 278.

[53] Van den Driessche R. 1984. Relationship between spacing and nitrogen fertilization of seedlings in the nursery, seedlings mineral nutrition, and out – planting performance [J]. Can. J. For. Res. 14: 431 ~ 436.

[54] Wakeley, P. C. 1935. Artificial reforestation in the southern region, USDA Tech. Bull. No. 429, 115p.

[55] Wakeley P. C. 1948. Physiological grades of southern pine nursery stock, Proceedings of the society of American Foresters Annual convention 1948: 311 ~ 320.

[56] Zaerr, J. B. 1985. The role of biochemical measurements in evaluating vigor, pp: 137 ~ 141, In: Duryea, M. L. (Eds) Evaluating seedling quality: Principles, Procedures, and Predictive Abilities of major tests, Workship held October, 16 ~ 18. 1984, For. Res. Lab. Oregon State Univ. Corvalis, Oregon, 143p.

第四章　林木种苗品种鉴别

近10年来，林木新品种选育取得了令人瞩目的成果，用材林树种、经济林树种和园林观赏树种都取得了丰硕成果。如经国家或省林木品种审定委员会审定或认定的杨树优良无性系就多达50个以上；经济林树种板栗的优良品种达40多个。由于许多树种（品种）的种子和幼苗从形态上难以区分，其差异性状的出现要到成熟期才表现出来；而有些品种只是在果实的化学成分或含量上存在差异。因此这类树种或品种的鉴定所需的时间短的少则1～2年，长的可达20～30年。如银杏果用品种鉴定要等到结实后，嫁接苗只需2～3年，而实生苗则长达20年以上。与此同时，由于此类品种（种）的经济价值和观赏价值较高，在市场经济条件下，以劣充优、以假乱真的现象常有发生，这给林业生产带来了巨大损失。究其原因，除了种苗生产者、使用者自我保护意识不强外，关键问题是缺乏快速、可靠的品种（种）鉴别方法。因此迫切需要建立品种（种）鉴定的有效技术体系，来鉴定林木种苗品种的真实性。

第一节　林木种苗品种鉴别概述

品种（种）纯度检验包括两方面内容，即种子的真实性和品种纯度。国际种子检验规程中明确指出，品种纯度测定适用的范围是：当送检者对送检的种或品种已有说明，并且具有一个可供比较的、可靠的标准样品时，鉴定才是有效的。品种纯度检验的对象可以是种子、幼苗或较成熟的植株。

一、相关术语和定义

1. 种子真实性

种子真实性是指一批种子所属品种、种或属与文件（标签、品种证书或质量检验证书）描述是否相同。这是鉴定种子样品的真假问题。

2. 品种（种）纯度

品种（种）在特征特性方面典型一致的程度，用本品种（种）的种子数占供检植物样品种子数的百分率表示。这是鉴定品种（种）一致性程度高低的问题。

3. 变异株

一个或多个性状（特征特性）与原品种育种者所描述的性状明显不同的植株。

二、品种鉴定的目的意义

种子的真实性和品种（种）纯度鉴定是林木种子生产工作中不可缺少的重要步骤，是保证良种优良遗传性状充分发挥，促进林业生产稳定的有效措施；是防止良种退化、提高种子质量的必要手段；是克服盲目引种、调种，避免品种（种）混淆和差错的重要环节；是正确评价种子等级、贯彻优种优价政策的主要依据。

由于品种（种）混杂而引起的纯度降低会明显降低林木生长量和林产品的品质；抗病品种中混杂不抗病品种，会降低种子或苗木的抗病能力；品种（种）纯度不高的种子播入田间后会导致苗木生长发育不一致，植株高低不一。特别是人工林，植株差异过大易造成个体分化，从而引起林分整体质量的下降。

在生产实践中，由于忽视种子真实性和品种（种）纯度的鉴定，给林业生产带来不可弥补的损失。例如在1990年，吉林省林业厅受林业部的委托，帮助黑龙江省林业厅购买长白落叶松种子，并安排由某地林木种子站联系购买。因各种原因，该批种子以个人名义到河北省围场县以每斤种子310元左右的价格，收购华北落叶松种子1万余kg。这些种子经筛选后，该经营者将其假冒为朝鲜进口的长白落叶松种子卖给黑龙江。1991年黑龙江省所购的种子已育出苗木，经技术鉴定系华北落叶松，因其不适宜在黑龙江省境内种植，所有苗木全部作废，造成间接经济损失180余万元。再如浙江省景宁县梧桐乡19位农民于2003年从四川省某地以每千克126元的价格，买了200kg厚朴种子，到第二年发现长出的不是厚朴，损失极为惨重。经林业部门的专家鉴定和现场勘察丈量，认定总的经济损失达11余万元。

三、品种鉴定方法概述

有差异，才能鉴别。要鉴定品种（种）的真实性，必须找出品种（种）之间在形态学、细胞遗传学、解剖学、物理学、生物化学等方面的差异。同时要熟悉这些特征，并能熟练掌握各种鉴定方法，灵活运用，才有可能鉴定品种（种）的真实性。

品种纯度鉴定的方法很多，根据所依据的原理可分为形态鉴定（morphological identification）、物理化学鉴定（physical and chemical identification）、生理生化鉴定（physiological and biochemical identification）、细胞学鉴定（cytological identification）和分子生物学鉴定（molecular biology identification）。上述根据检验方法的原理分类是品种纯度检验中较为公认的分类体系。除此以外，还可依据检验的对象分为：种子纯度测定、幼苗纯度测定、植株纯度测定。不管哪一种分类方法，在实际应用中，理想的测定方法要达到4个要求：测定结果能重复、方法简单易行、省时快速、成本低廉。

目前国内外对林木种苗品种（种）的鉴定仍以形态鉴定为主，辅以生理生化法鉴定（以同工酶和种子贮藏蛋白电泳图谱为主）。随着分子生物学技术的发展，给品种（种）鉴定带来了革命性的突破。由于具有高度的专一性和特异性，不受季节和环境条件的影响，操作简单，快速准确，因此分子生物学方法成为当今最先进的品种（种）鉴定技术。

第二节　林木种苗品种形态鉴定

形态鉴定又分为种子形态测定、幼苗形态测定和植株形态测定。种子形态测定虽简单快速，但仅适合于种子较大、形态性状丰富的物种。幼苗形态测定，适合于幼苗形态性状丰富的物种，如豆科等双子叶植物。幼苗测定需要的时间为15 ~50天，因苗期所依据的性状有限，所以测定结果不太准确。植株形态测定，依据的性状较多，测定结果较准确，但植株形态测定所需时间较长，难以满足在调种过程中快速测定的需要。

大部分的品种（种）都可以通过种子和幼苗的形态加以区分；而种子表面细微结构在分类学和鉴定上的应用，使得种子的形态鉴定更加细微和可靠。另外，有些种子的内部显微结构在种的水平上也存在明显差异，这为鉴定品种（种）的真实性提供了更多的依据。

一、种子形态鉴定

1. 种子的形态特征

林木种子形态特征由于品种（种）的不同而形态各异，表现在种子的形状、大小、种皮表面光滑度，附属物等方面的不同。检验中所采用的性状根据其明显程度、稳定情况等分为主要性状、细微性状、特有性状和易变性状。

（1）主要性状

这种性状主要指较为明显、较少变化、容易观察的性状，遗传上属于质量性状。这是鉴定品种的主要依据。如种子的颜色、形状等。

（2）细微性状

这些性状是指比较细微，必须仔细观察才能发现的性状。这也是室内和幼苗鉴定的重要依据，如种子的长宽比等。虽然这些性状比较细微，但也属于遗传上的质量性状，有时对鉴定品种也是很有用的。

（3）特有性状

这些性状是为某些品种所特有。它们也是遗传上的质量性状，是鉴定品种的有效依据。

（4）易变性状

这些性状是指易受环境条件的影响而发生变化的性状，如苗高、种子千粒重等都可能受到栽培条件等环境因素的影响而存在差异。它们属于数量性状，但在相同的条件下进行鉴定时，不同品种之间往往还有明显的差异，如抗病性状，因此也可作为鉴定品种的重要依据。

2. 种子形态鉴定的方法

（1）重要性和局限性

种子形态鉴定是品种（种）鉴定最常用的简单易行的方法。如果两个品种（种）在种子形态特征方面存在可靠的遗传差异，那么就很容易地加以区分。但是有些种子形态特征方面可供鉴定的性状有限，或有的品种（种）之间没有明显和可靠的差异，那么就不能用该法进行鉴定。

（2）鉴定方法

从送检样品中随机数取400粒种子，鉴定时需设重复，每个重复不超过100粒种子。

根据种子的形态特征，必要时可借助放大镜等进行逐粒观察，必须备有标准样品或鉴定图片资料。

鉴定时，对种子进行逐粒观察，区分出本品种和异品种种子，计数，并按照下列公式计算品种纯度百分率。

$$品种纯度 = \frac{供检种子数 - 异品种种子数}{供检种子数} \times 100\%$$

测定的结果（x）是否符合国家种子质量标准值或合同、标签值（a）要求，可根据下式进行判断。如果 $|a - x| \geqslant$ 容许误差，则说明不符合国家种子质量标准值或合同、标签值要求。容许误差可通过下列公式进行计算

$$T = 1.65\sqrt{p \times q / n}$$

式中：T——容许误差；

p——标准或合同或标签值；

q——$100 - p$；

n——样品的粒数或株数。

3. 种皮微形态鉴定

种皮的微观形态鉴定是在扫描电镜下观察种皮的形态特征，找出各品种（种）特有的形态特征，从而把品种（种）区分开来。

一般可将种子分为三部分进行电镜观察：种皮表面纹饰（包括附属物）、种皮横切细胞层次及细胞形态和种脐区域。种子常见的表面纹饰有：①颗粒状纹饰；②刺状纹饰；③网状纹饰，由多边形不规则的网脊和网眼组成，此类网状纹饰在种子中最为常见。由于品种（种）的不同，其网的形态和大小均不同；④指（流苏状）纹饰；⑤穴状纹饰。

4. 种皮解剖结构鉴定

种子的组织构造一般可分为种皮、胚乳、胚等，其中研究较多的是

种皮特征，包括表皮细胞、栅状细胞层、营养层等。

许多研究表明，根据不同品种（种）果皮和种皮细胞形态特征的差异可以鉴定品种。

5. 应用实例

（1）利用种皮微形态鉴定落叶松属种子

华北落叶松（*Larix principisupprechtii*）、日本落叶松（*L. kaempferi*）、兴安落叶松（*L. gmelinii*）、长白落叶松（*L. olgensis*）、西伯利亚落叶松（*L. sibirica*）及红杉（*L. potaninii*）种子的外部形态特征十分相似，仅凭肉眼难以区分，混杂的种子更难以辩认。但在扫描电镜下，六种落叶松种子背面纹饰、腹面纹饰、种孔周围纹饰及形态均有明显差异（弓彩霞等，1994）。

①种子外形主要特征：6 种落叶松种子外形的主要特征为倒三角或倒卵形，种翅与种子连生，种子背部较平，颜色较深，腹面正中部隆起，颜色较浅。种子长约 3～5mm，宽 2～4mm。

②种皮微形态类型

种子背面纹饰类型：条网状、拟条纹状、粗条纹状、蜂窝状；

种子腹面纹饰类型：拟孔穴状、孔穴状、网状、拟脑状；

种孔周围纹饰类型：带状脑状皱波、皱波状、细条纹状、鱼鳞状；

种孔周围形态：有明显锯齿和无明显锯齿状。

③各种落叶松微形态特征见表 4-1。

表 4-1　落叶松属种子微形态特征

纹饰 树种	背面纹饰		腹面纹饰		种孔周围纹饰		种孔周围形态
	类型	特征	类型	类型	类型	特征	
华北落叶松	条网状纹饰	条纹斜向排列，脊明显，网眼长而不规则	拟孔穴状纹饰	表面凹凸不平，孔穴较浅，形状近似圆形或椭圆形	带状脑状皱波	大部分呈明显宽带状皱波，小部分呈脑状皱波	无明显锯齿状
	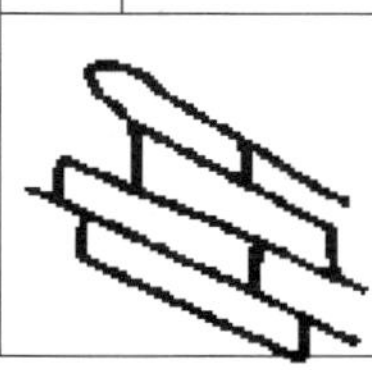						

（续）

纹饰 树种	背面纹饰		腹面纹饰		种孔周围纹饰		种孔周围形态
	类型	特征	类型	类型	类型	特征	
日本落叶松	条网状纹饰	条纹斜向排列，网脊明显，网眼呈较规则的长梭形	网状纹饰	网眼规则，近椭圆形，网脊细而清晰	带状脑状皱波	小部分呈细带状皱波，大部分呈脑状皱波	呈明显规则的钝锯齿

兴安落叶松	拟条纹状纹饰	条纹细而不规则，模糊不清晰	拟脑状纹饰	由扁平疣状突起形成隆起的回，沟深浅形状不一	皱波状	呈不规则的条带状皱波	无明显锯齿，膨大

长白落叶松	拟条纹状纹饰	条纹细而不规则，模糊不清晰	拟脑状纹饰	由扁平疣突起组成不明显的回，沟形状不规则，小而浅	细条纹状	呈近平等、斜向排列的细条纹	无锯齿，光滑而钝圆

（续）

<table>
<tr><td rowspan="2">纹饰
树种</td><td colspan="2">背面纹饰</td><td colspan="2">腹面纹饰</td><td colspan="2">种孔周围纹饰</td><td rowspan="2">种孔周围形态</td></tr>
<tr><td>类型</td><td>特征</td><td>类型</td><td>类型</td><td>类型</td><td>特征</td></tr>
<tr><td rowspan="2">西伯利亚落叶松</td><td>粗条纹状纹饰</td><td>条纹清晰，较粗，条纹近平行，竖直向下。条带之间伴有横向细带</td><td>孔穴状纹饰</td><td>表面凹凸不平，孔穴深浅形状不一，脊具瘤状突起</td><td>带状脑状皱波</td><td>大部分呈带状皱波，小部分呈脑状皱波</td><td rowspan="2">显不规则锯齿状</td></tr>
<tr><td colspan="2"></td><td colspan="2"></td><td colspan="2"></td></tr>
<tr><td rowspan="2">红杉</td><td>蜂窝状纹饰</td><td>网脊宽而平滑，网眼近似规则的蜂网状</td><td>拟脑状纹饰</td><td>由扁平疣状突起组成较明显的回，沟较深，较大</td><td>鱼鳞状</td><td>网眼呈比较规则的鱼鳞形</td><td rowspan="2">呈不规则锯齿状</td></tr>
<tr><td colspan="2"></td><td colspan="2"></td><td colspan="2"></td></tr>
</table>

2）利用种皮解剖构造鉴定红松种子

西伯利亚红松（*Pinus sibiric*）在我国的兴安岭及其它高寒地区引种栽培十分广泛，它和我国分布的红松（*P. koraiensis*）近缘，其生物学、生态学特性与红松有许多相似之处。利用种皮解剖构造可以鉴定两种红松种子（毛子军等，2003）。西伯利亚红松和红松种子外种皮显微结构观察结果见表 4-2。

表 4-2　西伯利亚红松和红松外种皮解剖构造特点

树种	外种皮厚度（μm）	分层	分层厚度（μm）				
			外表皮层	表皮层	密集石细胞层	栅栏层	内表皮层
红松	1200～1300	5	80～100	80～135	400～430	530～560	30～40
西伯利亚红松	400	4	30	30～40	–	300～320	30

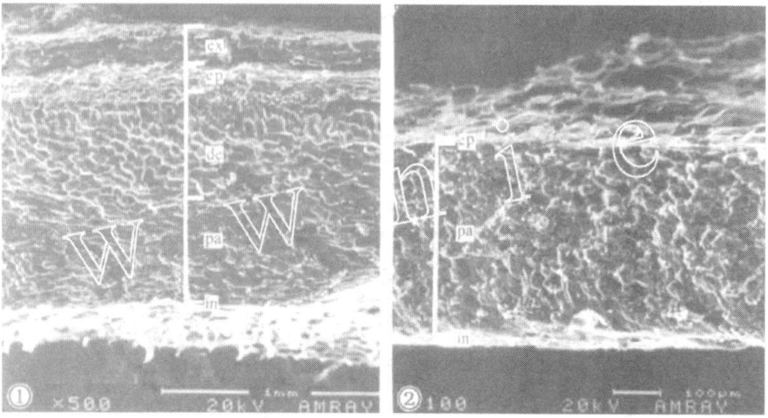

图版 I. ①. 红松外种皮横切面显微构造（×50）。示种皮的 5 个层次，从上到下依次为外表皮层（ex）、表皮层（ep）、密集石细胞层（de）、栅栏层（pa）和内表皮层（in）。②. 西伯利亚红松外种皮横切面显微构造（×100）。示种皮的 3 个层次，从上到下依次为表皮层（ep）、栅栏层（pa）和内表皮层（in）（外表皮层已脱落）。

由图版Ⅰ－①可见，在扫描电镜下，红松的外种皮横断面可明显分为 5 层。从外到内依次为外表皮层（外种皮层，ex）、表皮层（中种皮表皮层，ep）、密集石细胞层（de）、栅栏层（pa）和内表皮层（in）。西伯利亚红松外种皮分层相对较简单，共分为 4 层，从外到内依次为外表皮层（外种皮层）、表皮层（中种皮表皮层）、栅栏层和内表皮层。图版Ⅰ－②中为后 3 个层次结构，外表皮层已脱落。

从种皮断面各层结构及细胞形态上看，红松外种皮总厚度约为 1200～1300 μm。红松的外表皮层较厚，厚度为 80～110μm（图版Ⅰ－①）。表皮层厚度为 80～135μm，由排列紧密的近砖形细胞组成（图版Ⅰ－①），可见完整的细胞壁；密集石细胞层厚度约 400～430μm，可见明显加厚的石细胞壁。细胞截面为六面体形（图版Ⅰ－①）。在这层密集细胞的下面，为石细胞排列相对疏松的栅栏层，厚度为 530～560μm，也许是细胞壁相对较薄，或排列相对疏松的缘故，在这一层只能看到断续、残破的细胞壁，完整的细胞已很少见（图版Ⅰ－①）。在栅栏层的下面，就是内表皮层。厚度约为 30～40μm，在扫描电镜下观察，这是由 1～2 层不规则的薄壁细胞组成的（图版Ⅰ－①）。

西伯利亚红松种子外种皮的横断面相对较薄，厚度约为 400μm。外表皮层厚度约为 30μm，由 1～3 层薄壁细胞构成，外表皮层的外表层细胞呈残缺不全状，而内表层细胞很完整，细胞为不规则形；表皮层厚度约为 20μm，由 1～2 层不规则薄壁细胞构成，其细胞比外表皮层内面的细胞小；栅栏层由厚壁的石细胞构成，细胞壁的厚度比红松的稍薄，但体积比红松的稍大，可清晰地看见细胞腔内的辐射状纹孔沟（图版Ⅰ-②）；栅栏层下面是内表皮层，也是由 1～2 层排列疏松、比较均匀的、不规则的薄壁细胞构成。

二、幼苗形态鉴定

在温室或培养箱中，提供植株加速发育的条件（类似于田间小区鉴定，只是所需时间较短），当幼苗达到适宜评价的发育阶段时，对全部或部分幼苗进行鉴定；另一种途径是让植株生长在特殊的逆境条件下，测定不同品种（种）对逆境的反应来鉴别品种（种）。

种子萌发时子叶的类型（子叶出土和子叶留土）、子叶的大小、形状、第一真叶的形状、大小、叶缘特征和被毛状况都可作为鉴定品种的依据。

第三节　林木种苗品种生化鉴定

生化鉴定主要指电泳测定。它利用电泳技术对品种（种）的同工酶及蛋白质的组分进行分析，找出品种（种）间差异的生化指标，以此区分不同的品种（种）。目前电泳鉴定主要以同工酶和蛋白质为电泳对象。同工酶是指同一生物体或同一组织中催化相同化学反应、结构不同的一类酶。从遗传法则知道，蛋白质或酶组分的差异最终是由品种遗传基础的差异造成的。因此，分析酶及蛋白质的差异从本质上来说是分析遗传的差异，即品种（种）的差异，利用先进的电泳技术可非常准确地分析种子蛋白质或同工酶的差异，进而区分不同品种（种），测定种子纯度。

种子内的蛋白质或同工酶是在种子发育过程中形成的，它只反映了种子形成过程中的遗传差异。因此，有些品种（种）的种子中的贮藏蛋白或同工酶之间没有差异，这就需要研究哪一类蛋白质或同工酶在品种（种）之间存在差异，以此作为该物种电泳的对象。

同工酶往往具有组织或器官特异性，即同一时期、不同器官内同工酶的数目不同。Scandalios（1974）曾列出过46种同工酶系统，它们的酶谱皆随发育阶段或营养状况的改变而改变。由于某些同工酶在种子贮藏和萌发过程中，种类数目易随生活力和发育进程的变化而变化，加之种子萌发速度不一致，所以对种子纯度鉴定不利。因此，在纯度鉴定中，应以蛋白质电泳为主。

对于鉴定来说，最有用的是种子贮藏蛋白质。因为贮藏蛋白质电荷数量或颗粒大小或两项同时具有相当大的多态性。而且它们在许多位点上被编码，以较大数量存在，并能方便地提取。因此，种子贮藏蛋白质成分给电泳检查提供了一种表征植物基因型的有效而简便的方法，对品种（种）鉴定是非常有用的。

生化鉴定除了电泳鉴定外，还可利用苯酚染色法和愈创木酚染色法等快速测定种子纯度的方法。

一、生化鉴定（电泳鉴定）方法概述

1. 种子蛋白质电泳鉴定

利用蛋白质电泳这一简单方法，根据其电荷或分子量的不同进行分离和染色显带。因此，种子蛋白质常被用来鉴定品种（种）。Zuckerkandl等（1965）已经描述了种子成分和基因型在不同层次上的关系。

目前种子蛋白质的命名主要是根据T. B. Oshorne（1907）的分类，按种子蛋白质的不同溶解特性进行分类，可将蛋白质分为下列4类：

A：清蛋白。这种蛋白质能溶于水，包括大多数酶蛋白。通常可用同工酶电泳方法进行鉴定。

B：球蛋白。这种蛋白质能溶于稀盐溶液，主要存在于膜结合的蛋白体中，严格概念上它也称为贮藏蛋白。

C：醇溶蛋白。这种蛋白质能溶于醇类水溶液，也是贮藏蛋白。

D：谷蛋白。这种蛋白质能溶于稀碱和稀酸溶液中，主要为结构蛋白。目前应用的核酸电泳就是对这种蛋白进行品种（种）鉴定。

上述4种蛋白质的氨基酸成分特征特性方面均表现不同，而且各种蛋白质类型的比例在不同品种（种）间也有差异，因此这4种蛋白质都可有效地用于品种（种）鉴定。

国际种子检验协会（ISTA）已经把种子蛋白质电泳列入检验规程，而且还专门成立了品种测定委员会，出版了《栽培品种的生化测定》手册，列出了小麦、玉米和水稻等品种鉴定的标准方法，但也只限于少量农作物品种。种子蛋白作为一种生化标记主要是用于作物品种的鉴定上，在木本植物上应用较少。

2．同工酶电泳鉴定

酶是一种特殊蛋白质，它催化生物体内一切生化反应。在植物进化生物学研究中，早期的研究主要是利用同工酶谱带进行定性的描述（谱带多少、迁移率的变化等），并作为性状来处理，以达到揭示居群遗传变异和分化，鉴定杂种以及进行类群的划分和分类处理等。

同工酶标记兴起于20世纪60年代，并逐步成为植物种子、果树品种和雌雄株鉴别、植物系统分类和演化的重要手段。同工酶标记还被ISTA、AOSA作为品种鉴定的标准方法，国标植物新品种保护联盟（UPOV）也将同工酶列为新品种检测的主要方法。

二、电泳图谱的分类和鉴别

1．电泳谱带的分类

（1）根据谱带特征、亲缘关系和鉴定方法可将电泳谱带分为下列两类

公共带（共同带）：指同种同属的不同品种，由于其起源进化的历史和生态条件相同，具有一些相同的谱带。

特征谱带（指示谱带或标记谱带）：指不同品种（种）之间所存在的稳定的可明确鉴定、可靠区分的遗传谱带，如互补型谱带和杂种型谱带等。鉴定品种（种）时，只要检查鉴定这些谱带即可。

（2）按杂交种谱带的特征可将电泳谱带分为4类

互补型谱带：指杂交种具有来自母本谱带或父本谱带的一种谱带类型。

杂种型谱带：指杂交种具有母本和父本所没有的，只有杂种才具有的新产生的谱带。

偏母型谱带：指杂交种具有与母本基本相同的谱带；

偏父型谱带：指杂交种具有与父本基本相同的谱带。

（3）按电泳迁移的快慢可将电泳谱带分为3类

快带：指由于分子较小、形态光滑、电荷较多、在电泳场中泳动最快、跑在前面的谱带。

慢带：指分子较大、形状不规则、带电荷较少、在电泳场中泳动最慢、留在最后的谱带。

中带：指在电泳场中泳动时，介于快带与慢带之间、泳动速度中等的谱带。

2．电泳图谱的鉴定

不同品种（种）的电泳图谱可按谱带的数目、谱带位置（Rf值）、宽窄、颜色及深浅加以鉴定。

谱带数目：不同品种（种）之间的谱带数目有所不同。

谱带位置（Rf值）：不同品种（种）的谱带数目可能相同，但特征谱带的位置不同。

谱带浓度深浅：不同品种（种）之间由于基因的剂量效应，谱带颜色有深浅之分。

谱带颜色：经显色后电泳图谱中的谱带颜色有差异。如淀粉酶同工酶经显色后，α－淀粉酶显示白色透明条带，β－淀粉酶显示粉红色条带，R－淀粉酶显示浅蓝色条带，Q－淀粉酶显示红色或褐色条带。

3．电泳鉴定品种的要求

（1）试验样品数量

取决于规定种子纯度百分率。在95%的概率下至少能测出1粒非真实种子而测定的样品种子数。如果测不出非真实种子，就可设想为其真实种子百分率等于或高于各自对应给定的百分率。表4-3左栏为给定的品种纯度百分率（%），右栏为种子数（n）。

表 4-3　按规定种子纯度百分率查出测定样品种子数

%	n	%	n	%	n
99.9	2995	99.3	427	97.5	119
99.8	1497	99.2	373	97.0	99
99.7	998	99.1	332	95.0	59
99.6	748	99.0	299	93.0	42
99.5	598	98.5	199	90.0	29
99.4	498	98.0	149	85.0	19

（2）电泳测出品种纯度与标准规定纯度的容许误差

表4-4为品种（种）真实性测定的容许误差，一个估算值和一个规定值，一尾测验，概率为95%时，所有数据均为百分数，n为样品大小（估计值与规定值比较的容许误差）。

表 4-4　测定值与规定值（%）比较的容许误差

测定值	容许误差							
	n = 40	n = 60	n = 80	n = 100	n = 140	n = 200	n = 400	n = 1000
100	0	0	0	0	0	0	0	0
99	2.6	2.1	1.8	1.6	1.4	1.1	0.8	0.5
98	3.6	2.9	2.6	2.3	1.9	1.6	1.1	0.7
97	4.4	3.6	3.1	2.8	2.3	2.0	1.4	0.9
96	5.1	4.1	3.6	3.2	2.7	2.3	1.6	1.0
95	5.6	4.6	4.0	3.6	3.0	2.5	1.8	1.2
94	6.2	5.0	4.3	3.9	3.3	2.7	1.9	1.2
92	7.0	5.7	5.0	4.4	3.7	3.1	2.2	1.4
90	7.8	6.3	5.5	4.9	4.1	3.5	2.4	1.5
88	8.4	6.9	6.0	5.3	4.5	3.8	2.6	1.7
85	9.3	7.6	6.4	5.8	4.9	4.1	2.9	1.8
80	10.4	8.5	7.3	6.6	5.5	4.6	3.3	2.1
75	11.2	9.2	7.9	7.1	6.0	5.0	3.5	2.2
70	11.9	9.7	8.4	7.5	6.3	5.3	3.7	2.4
65	12.4	10.1	8.7	7.8	6.6	5.5	3.9	2.5
60	12.7	10.4	9.0	8.0	6.8	5.8	4.0	2.5
55	12.9	10.5	9.1	8.2	6.9	5.8	4.1	2.6
50	13.0	10.6	9.2	8.2	6.9	5.8	4.1	2.6

三、电泳检测的一般过程

电泳的方法很多，不同方法其具体操作过程也有差异。在种子纯度检测时一般包括样品提取、凝胶的制备、加样电泳、染色观察等步骤。

1. 样品的提取

不同电泳方法提取液和提取的程序不同，应按具体方法配制提取液和操作。

（1）蛋白质

根据 Osborne（1907）的划分，清蛋白能很好地溶于水、稀酸、碱、盐溶液中；球蛋白难溶于水，但能很好地溶于稀盐溶液及稀酸和稀碱溶液中；醇溶蛋白不溶于水，但能很好地溶于 70% ~80% 的乙醇中；谷蛋白不溶于水、醇，可溶于稀酸、稀碱中。因此，可依次用水、10% NaCl、70% ~80% 的乙醇、0.2% 碱液提取。种子所有贮藏蛋白可用 Mereditch 和 Wren（1996）的 AUC 提取液：0.1 mol/L 乙酸、3 mol/L 尿素、0.01 mol/L CTAB。

（2）同工酶

不同同工酶提取方法不同，多数同工酶在低温下操作较好。酯酶用 0.05 mol/L Tris – HCl（pH 8.0）缓冲液，或用含 0.1% SDS 的 0.2 mol/L 乙酸钠缓冲液（pH 8.0）提取。淀粉酶用 0.1 mol/L 柠檬酸缓冲液（pH 5.6）或 0.05 mol/L Tris – HCl（pH 7.0）缓冲液提取。苹果酸脱氢酶、尿素酶、谷氨酸脱氢酶用蒸馏水提取。乙醇脱氢酶用 0.05 mol/L Tris – HCl（pH 8.0）缓冲液，或用含 0.1% SDS 的 0.2 mol/L 乙酸钠缓冲液（pH 8.0）提取。

2. 凝胶的制备

连续电泳只有分离胶，不连续电泳有分离胶和浓缩胶，不同方法凝胶浓度、缓冲系统、H^+离子强度等都不一样，使用的催化系统也不同。此外，由于使用的仪器设备不同，特别是电泳槽不同，凝胶制备的方法不同，溶液配制也不同。以 TEMED 为催化剂的凝胶系统，温度低于 20℃时，聚合变慢，可将密封好的玻璃板适当加热至 30 ~35℃。样品梳取出后，适当调整样品槽，使之大小一致，并将槽内残余的溶液用针管吸出。

3. 加样电泳

加样量应根据提取液中蛋白质（或酶）的含量确定，一般 10 ~ 30mL。电泳时一般采用稳压或稳流两种，电压的高低根据电泳的具体方法和使用的电泳仪种类及凝胶板的长度和厚度等确定，一般以凝胶板在电泳时不过热为准。同工酶电泳在加样前最好进行一段时间的预电泳，并最好在低温下电泳。

电泳时为了指示电泳的过程，可加入指示剂，对阴离子电泳系统可采用溴酚蓝作示踪指示剂。这时点样端接负极，另一端接正极。对阳离子电泳系统可采用亚甲基作为示踪染料，点样端接正极，另一端接负极。根据指示剂移动的速率确定电泳时间。

4. 染色

（1）蛋白质电泳染色

电泳的对象不同，染色的方法也不同。蛋白质目前用得较多的染色液是 10% 三氯乙酸、0.05% ~0.1% 考马斯亮蓝 R－250，该染色液染色后一般不需要脱色。此外，银染和铜染比考马斯亮蓝更灵敏，但技术不易掌握。

（2）同工酶电泳染色

不同的同工酶染色的原理和方法不同，常见的两种同工酶的染色如下：

A：酯酶染色

称取 30mg α－乙酸萘酯和 30mg β－乙酸萘酯溶于 3mL 丙酮－水（1：1）中，再加入 60mg 坚牢蓝 B 或 RR 盐，然后用 0.1 mol/L、pH6.5 磷酸盐缓冲液稀释到 90 mL，用作染色液。

将取下的凝胶板放入 37℃的上述配好的染色液中染色 40min，至酶带呈现桃红色。取出，用蒸馏水漂洗，放入 7% 乙酸，固定脱色，直至各条酶带清楚，背景清晰为止。

B：过氧化物酶染色

经试验，以联苯胺－乙酸－过氧化氢染色液染色效果较好。其方法是预先配制 1 号联苯胺－乙酸溶液：称取 2g 联苯胺溶解于 18mL 冰乙酸，再加入 72mL 的去离子水。2 号溶液为 3% 过氧化氢液。

当电泳快结束时，取 1 号液 4 mL 和 2 号液 1.6 mL，再加 76 mL 的去离子水，即配成一块胶板的染色液。将电泳结束后的胶板剥下，用去离子水冲洗干净，浸入染色液。在室温下等待深蓝色谱带清晰为止。随着染色时间延长，过氧化物酶谱带将变为深棕色至褐棕色。然后用水冲洗干净，可用清水或乙酸暂时保存。

5. 谱带分析

谱带分析主要依据由于遗传基础的差异所造成的蛋白组分的差异区别本品种和异品种。

品种鉴定时，根据醇溶蛋白谱带的组成及带型的一致性，区分本品种和异品种。杂交种鉴定时，不同的电泳方法所用的分析方法不同。在变性电泳时，如利用 AU - PAGE 技术分析所得的蛋白质谱带，在杂种 F1 代表现为双亲共显性，即在父母本中所具有的蛋白质谱带，在 F1 代种子内出现，没有新的谱带产生。双亲中有差异的蛋白谱带，在 F1 代同时显现，这种谱带称为互补带。根据互补带的有无区分自交种、杂交种及父母本。

四、应用实例

1. 用过氧化物同工酶鉴定松属种子

松属（*Pinus*）的许多种在我国都有广泛的栽培，且它们的种子形态和幼苗形态十分相似，难以区分。利用过氧化物同工酶可以鉴定松属树种（高捍东等，1995）。

表 4-5 6 个松属树种种子过氧化物同功酶电泳谱带的相对迁移率

树种名称	相对迁移率（Rm）			
	1	2	3	4
马尾松 *P. massonian*	0.29	0.43	0.53	0.71
黑松 *P. thunbergii*	0.29		0.53	
赤松 *P. densiflora*		0.41		0.67
云南松 *P. yunnanensis*			0.56	
思茅松 *P. kesiya*		0.42	0.55	
高山松 *P. densata*	0.30		0.54	0.60

从表4-5中可以看出，种间既存在着共同带又存在着特征带，共同带显示了种间的亲缘关系，特征带表明了种间差异。6个松属树种种子过氧化物同功酶谱带的数量及相对迁移率都存在差异，可以作为种子真实性鉴定的依据。如赤松仅有2条带，且迁移率和其它树种不同，可以与其它5个种明显区分开来。

2. 用POD和EST同工酶鉴定梨品种

梨的栽培品种很多，从形态上根本难以区分，马兵钢等（2003）采用一年生新稍上的叶或芽进行同工酶鉴定。

（1）POD同工酶谱带式样

从POD同工酶酶谱（图4-1）可以看出，根据谱带迁移速度将其分为慢区和快区两个区共12条带，其中慢区6条带：P1～P6；快区6条带：P7～P12。谱带最多的样本有10条带，为句句梨（18）；谱带最少的样本有4条带，为石井早生（16）。P2、P4、P10为26份样品的共有带。

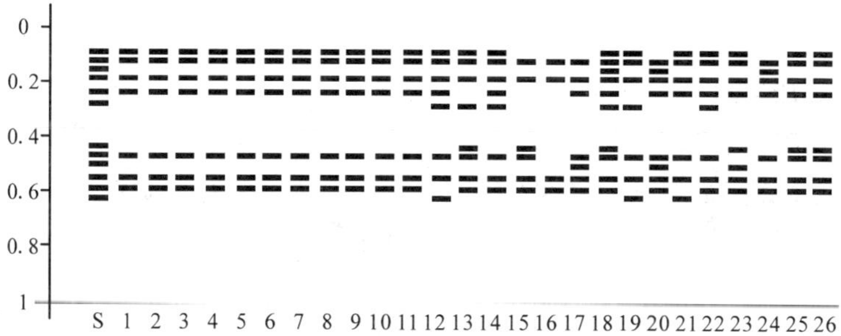

图4-1　POD同工酶酶谱

POD同工酶可将26个梨品种中的12个区分出来，包括砀山梨（4）、苹果梨（12）、京白梨（13）、苍溪梨（15）、石井早生（16）、早酥梨（17）、句句梨（18）、红南果（19）、巴梨（20）、沙01（21）、鸭梨（23）、身不知（24），它们均有特异的谱带式样。香梨与其芽变除沙01外均有一致的谱带，但与其杂种新梨1号及新梨6号之间在P6带上存在差异。鸭梨与其4倍体芽变品种在P8、P9两条带上存在差异。

（2）EST同工酶鉴定

从 EST 同工酶图谱（图 4-2）可知，根据谱带迁移速度将其分为慢区、中区和快区三个区共 11 条带。其中慢区 1 条带：E1 为共有带；中区 5 条带：E2 ~ E6；快区 5 条带：E7 ~ E11，其中 E8 为共有带。谱带最多的样本有 10 条带，为鸭梨（23）；谱带最少的样本有 3 条带，为苹果梨（12）和京白梨（13）；E2、E5 和 E6 分别为大香水梨（26）和鸭梨（23）的特异带。

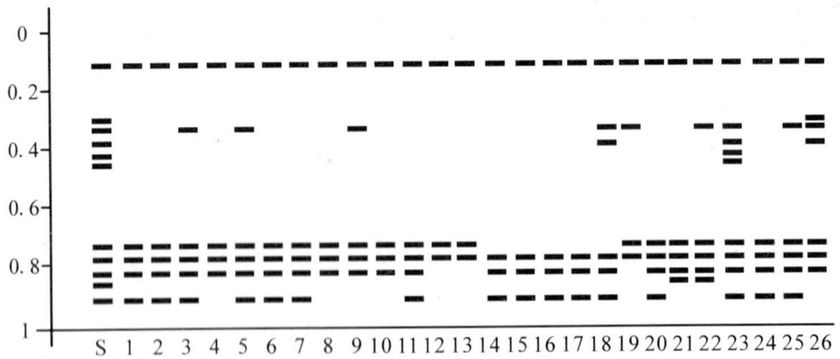

图 4-2　EST 同工酶图谱

用 EST 同工酶可将 7 个样品区分出来，包括 2 – 08、句句梨、红南果、沙 01、新梨 6 号、鸭梨、大香水，它们均具有特异的谱带式样。香梨与其芽变新梨 2 号之间在 E11 带上存在差异，与其杂种新梨 1 号之间在 E7 带上存在差异。鸭梨与其 4 倍体芽变之间在 E4、E5、E6 三条带上存在差异。

综合两种同工酶谱带可对砀山梨（4）、苹果梨（12）、京白梨（13）、苍溪梨（15）、石井早生（16）、早酥梨（17）、句句梨（18）、红南果（19）、巴梨（20）、沙 01（21）、鸭梨（23）、身不知（24）、2 – 08（9）、新梨 6 号（22）、大香水（26）共 15 个品种（含芽变）进行鉴定。

同工酶在品种鉴定上的应用十分广泛，除上述实例外，还有大量的研究如 Kim 和 Ko（1997）利用葡萄糖磷酸异构酶（PGI）、葡萄糖磷酸变位酶（PGM）、苹果酸脱氢酶（MDH）、过氧化物同工酶（PER）研究 110 个韩国柿品种和 31 个日本柿品种，鉴定出 64 个柿品种。Esen（1976、1977）在果树分类上利用同工酶技术，分别用过氧化物酶

（POD）和淀粉酶（AMY）研究柑橘和近缘属的种，认为种内、种间POD谱带存在质和量的差异，所有的种都能用AMY同工酶谱带分开。成家胜等（1981，1986）用POD和EST两种同工酶对13个苹果种的482个品种进行了系统分析，建立苹果种属间的亲缘关系。曲泽洲（1990）用5个酶系统，即过氧化物酶、脂酶、淀粉酶、多酚氧化酶和超氧化物歧化酶，研究了41个枣品种，绘出5种酶谱索引，其中任意2个品种都不相同。用过氧化物酶、脂酶、淀粉酶3种谱带组合可将41个枣品种分开。

虽然相对于分子标记而言，同工酶分析存在位点少的缺点，但同工酶实验所需的条件简便、易操作，也能较好地鉴定品种。但蛋白质毕竟不是直接的遗传物质，同样受环境和植物发育阶段的影响，因此有一定的局限性。

五、其它生化鉴定方法

1．苯酚染色法

苯酚染色法已列入ISTA和我国农作物品种鉴定国家标准。

苯酚染色法的原理是单酚、双酚、多酚在酚酶的作用下氧化成为黑色素，由于不同的树种或品种其种皮内酚酶的活性不同，将苯酚氧化呈现深浅不同的褐色。该法主要适用于小麦、水稻和牧草（颜启传，2001）。

2．愈创木酚染色法

愈伤木酚染色法鉴别种子是根据种子（尤其在种皮）中存在着大量的过氧化物酶，该酶能使过氧化氢（H_2O_2）分解产生氧气，而氧气又可使愈伤木酚（无色）氧化而产生有色的4－邻甲氧基酚。由于不同品种种子中过氧化物酶活性不同，因而产生不同的显色反应，以此达到鉴别种子的目的（颜启传，2001）。

3．应用实例——用愈伤木酚法鉴定拟单性木兰属种子

木兰科拟单性木兰属（*Parakmeria*）具有很高的观赏价值，成为近年来引种开发的热门对象。应叶青等（2005）对市场需求量较大的乐东拟单性木兰（*P. lotungenesis*）、云南拟单性木兰（*P. yunnanensis*）和光叶拟单性木兰（*P. nitida*）的种子进行鉴定。发现该属种子种内种源

间变异小，而种子异质性明显，种子随环境变异大等特点，从形态上鉴别困难，准确度不高。

用愈伤木酚处理拟单性木兰属种子，2.5 h 后观察到溶液的颜色变化，不同的种取半粒种子作为材料用愈伤木酚染色后有不同的显色反应，且重复间反应稳定。光叶拟单性木兰最深为红色系；云南拟单性木兰次之，为黄色系；乐东拟单性木兰无显色反应。而用整粒种子作为试验材料时，乐东拟单性木兰、光叶拟单性木兰和云南拟单性木兰都没有明显的显色反应，这说明乐东拟单性木兰种子内氧化酶活性不高，不能使 H_2O_2 分解产生氧气，因而愈伤木酚（无色）也不能被氧化而产生有色的 4 - 邻甲氧基酚，不同种源结果一致。

第四节　林木种苗品种的细胞学鉴定

一、鉴定原理

1. 核型分析

染色体是遗传物质的载体，是细胞核的重要组成物质，也是细胞学研究的主要对象之一。细胞标记就是根据细胞核内染色体的特征对品种进行鉴定，染色体特征主要包括染色体数目、大小、核型、分带带型、减数分裂行为等。

2. 染色体显带

自 Casperson 等人（1968）提出染色体显带技术（Q 带）并成功处理蚕豆根尖染色体，揭示了染色体上明暗相间的荧光带纹后，染色体荧光显带技术使染色体的研究大大前进了一步，它揭示了常规染色体研究中难以区分的种间差异，更能揭示出种内群体间染色体分化，在更加微观的水平上鉴定染色体。对于在核型方面十分相似的一些物种，可以利用荧光带纹来增加识别手段，提高鉴别能力。如黑松（*Pinus thunbergii*）和赤松（*Pinus densiflora*）等松属树种种间和种内的染色体荧光显带研究（Masahiro，1983；1989；1990），各种显带特征各不相同；通过对 9 个种源马尾松和 8 个松属树种的荧光带型分析，认为不同种源的马尾松 CMA 带纹和 DAPI 带纹都有差异（徐进，1998）。这充分说明荧光显带方法可以用于鉴别形态差异较小或形态差异无法分辨的种子和苗木。这项技术在混合种子的真伪区分上也能发挥较大作用。

3．细胞学鉴定的局限

利用细胞学方法鉴定品种（种）虽然简单，也不需要特殊仪器设备，但真正用于植物品种分类还面临很大困难：1）品种间染色体差异较小，除了品种在染色体数目上存在差异（如多倍体）外，染色体核型分析还不足以达到品种鉴定的目的；2）染色体的荧光显带技术能揭示染色体上微小差异，但目前的制片技术在不同物种上的难易不一，显带技术还没形成标准流程，从而限制了这一技术的应用价值；3）对于染色体数量多，染色体小的种，染色体核型不易区分清楚。当然，随着染色体制片技术的日益发展和成熟以及染色体原位杂交技术的应用和发展，细胞学方法可能成为植物品种鉴定的有效手段。

二、应用实例

1．核型分析发现三倍体毛白杨

在毛白杨的良种选育过程中，就是通过细胞染色体检查发现了雌株毛白杨类型中的天然三倍体。朱之悌等（1998）对茎尖染色体数镜检发现毛白杨的一个天然杂种的染色体数为 57（$2n=3x=57$），即三倍体毛白杨。从染色体形态来看，57 条染色体中都有 3 条体型特大、形态相似的长棒状染色体，与其余的 54 条小染色体有明显差别。每条长棒状染色体可认为是每个基因组（x）19 条染色体中的特异染色体，二倍体有 2 条（$2n=2x=38$），三倍体有三条（$2n=3x=57$）。

2．利用荧光带纹鉴定松属树种

松属内的许多树种不但种子和幼苗形态十分相似，其染色体核型也难以区分。用 CMA 和 DAPI 带纹可以区分油松、马尾松、黑松等 8 种松树树种（徐进等，1999a；徐进等，1999b；徐进等，1998）。

（1）油松荧光带纹分布特征

A：CMA 带分布特征

从图 4-3 的 A 中可知，第 2、4 和 7 对染色体为着丝粒区和臂间区均有荧光带纹的中部着丝粒染色体（A 类型）；第 8、9 和 10 对染色体为臂间区有荧光带纹的中部着丝粒染色体（B 类型）；第 1 和 3 对染色体为着丝粒区有荧光带纹的中部着丝粒染色体（C 类型）；第 5、和 6 对染色体为无荧光带纹的近中或中部着丝粒染色体（D 类型）；第 11 和 12 对为着丝粒区有荧光带纹的近中着丝粒染色体（E 类型）。

B：DAPI 带的分布特征

从图 4-3 的 B 中可知，第 10 对染色体的着丝粒区和臂间区有带纹；第 1、2 和 3 对染色体的臂间区有带纹；第 4、5、6、8、9 和 11 对染色体的着丝粒区有带纹；第 7 和 12 对染色体无 DAPI 带。CMA 带与 DAPI 带之间存在相反的带纹关系。但油松染色体的 DAPI 带较为特殊的是第 4 和 11 对染色体，它们在着丝粒区有荧光带，同时还有 CMA 带纹。

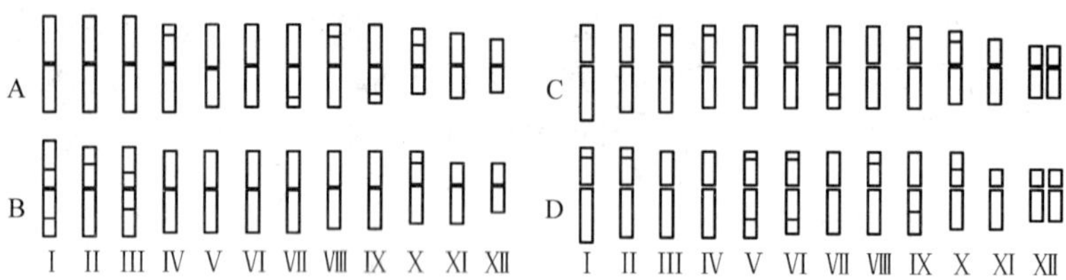

图 4-3 油松和云南松染色体的 CMA（A，C）及 DAPI（B，D）荧光带型的核型模式图

（2）云南松荧光带纹特征

A：CMA 带分布特征

从图 4-3 的 C 中可知，云南松的特别之处是染色体组中 2 对最小的染色体，一是第 11 对染色体的 CMA 带分布在短臂与着丝粒衔接区；二是第 12 对染色体，它的一条染色体在着丝粒区有 CMA 带，而另一条无 CMA 带。在染色体组上 CMA 的具体分布是：第 3、6、7 和 9 对染色体为 A 类型；第 4 和 10 对染色体为 B 类型；第 2 和 5 对染色体为 C 类型；第 1、8 和 12 对染色体中的一条为 D 类型；第 11 和 12 对染色体中的一条为 E 类型。

B：DAPI 带的分布特征

从图 4-3 的 D 中可知，第 11 和 12 对染色体的 DAPI 带型中也同样特殊，但与 CMA 带型的情形相反。DAPI 带具体分布是：第 1、8 和 10 对染色体的着丝粒和臂间区均有 DAPI 带；第 2、5、6 和 9 对染色体的臂间区有 DAPI 带；第 4、11 和 12 对染色体中的一条着丝粒区有 DAPI

带；第3、7和12对染色体中的一条无DAPI带。

综上所述，可以用CMA带或DAPI带的显带特征鉴定油松和云南松。

第五节　林木种苗品种分子鉴定

分子标记是继形态标记、细胞学标记和生化标记之后发展起来的一种较为理想的遗传标记形式。它是以生物大分子，尤其是生物体的遗传物质核酸的多态性为基础的遗传标记。20世纪80年代中期，直接检测DNA的分子标记技术得以迅速发展和应用，并逐步大量用于植物学研究，解决了蛋白质电泳和酶电泳等无法解决的问题。

与形态标记和生化标记等标记相比，DNA分子标记具有许多优点：①直接研究植物的遗传物质DNA，不受组织类别、发育阶段等影响。从植物任何部位提取DNA都能用于分析，利用幼苗或种子DNA可进行种苗品种的早期鉴定；②不受环境影响。其变异只源于等位基因DNA序列的差异，这种稳定性便于揭示品种间的遗传差异而排除了环境差异所造成的表型变异；③标记数量多，遍及整个基因组；④多态性高，自然存在许多等位变异，不需要专门创造特殊的遗传材料；⑤有许多标记表现为共显性（co-dominance），能够鉴别纯合基因型和杂合基因型，提供完整的遗传信息。

从品种（种）真实性鉴定角度而言，鉴定手段必须满足以下基本要求：①简单。鉴定整个过程不应复杂，一般人员稍加培训就可操作。②可靠、稳定。不因实验条件的微小变化而影响结果，重复性要高。③快速。在较短的时间内就可获得准确的结果。④成本低。有的标记方法虽然简单，但稳定性差使其很难成为理想的种质鉴定方法，比如RAPD标记。有的标记方法虽稳定、准确性高，但技术难度大，或所需时间长，如AFLP等。

一、品种（种）鉴定常用的分子标记

1. DNA限制片段长度多态性（RFLP）

RFLP是Grodzicker等于1974年发明的。它是一种利用限制性酶切

片段长度来检测生物个体之间差异的分子标记技术。

(1) 特点

RFLP 标记是模板 DNA 经过限制性内切酶消化、电泳分离、Southern 转移后，再用 DNA 探针进行杂交后得到的。整个处理过程比较冗长，步骤繁琐，有一定的技术难度，因此在品种鉴定应用中受到限制。但由于 RFLP 标记具有很高的分辨力，结果重复性好和准确度高，又具有共显性的特点，能够鉴别纯合基因型和杂合基因型，因此在品种鉴定中仍然具有重要的应用价值。

(2) 原理

限制性内切酶酶解 DNA 长链，是识别 DNA 上的特异性的位点并在这些位点上切断的过程。如限制性内切酶 Pst I 的识别位点上为 6 个碱基对组成：$\begin{matrix}\text{CTGCA}\downarrow\text{G}\\ \text{G}\uparrow\text{ACGTC}\end{matrix}$，它在↓处切割 DNA。酶识别位点碱基对越少，DNA 分子中被识别的位点越多，所产生的限制性片段越短。在不同物种、不同品种，甚至同一品种的不同个体之间，DNA 会发生变异，其中有些变异导致了限制性酶切割位点的变动，从而产生了限制片段长度的多态生，即 RFLP。

(3) 基本步骤

RFLP 技术的基本步骤如下：DNA 提取→用 DNA 限制性内切酶消化→凝胶电泳分离限制性片段→将这些片段按原来的顺序和位置转移到易操作的滤膜上→用放射性同位素或非放射性物质标记的 DNA 作探针与膜上的 DNA 杂交→放射性自显影或酶学检测显示出不同材料对探针的限制性酶切片段多态性（见图 4-4）。

2. 随机扩增多态性 DNA（RAPD）

RAPD 是 Williams 在 1990 年发明的，利用扩增 DNA 片段长度差异来检测生物个体的分子标记技术。

(1) 特点

RAPD 可在物种没有任何分子生物学研究的情况下，对其进行基因组指纹图谱的构建。这种方法相对于 RFLP 来说比较简便，DNA 用量也较少，且不需使用放射性同位素，因而应用广泛。但是 RAPD 是显性标记，不能区分杂合型和纯合型，更重要的是，RAPD 检测受分析条件的影响较大。

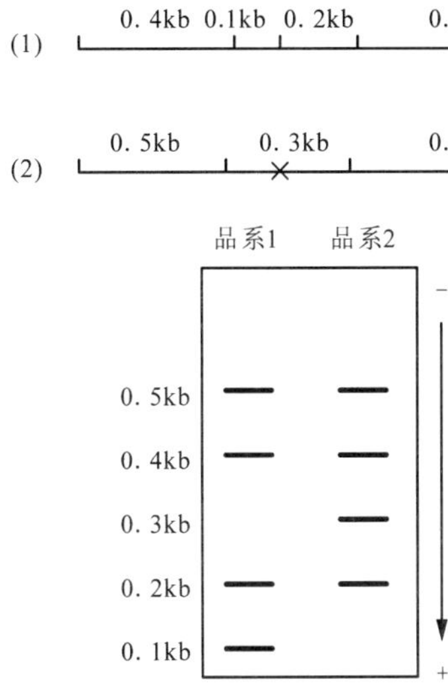

图 4-4　RFLP 技术示意图

（2）原理

RAPD 只需要一个引物，引物长度为 9 ~ 10 个核苷酸。模板 DNA 在 94℃变性解链后，在较低的退火温度下（如 37 ℃）引物与模板 DNA 互补形成双链结构。如果基因组 DNA 两个位点间为可扩增的距离（约 200 ~ 4000bp），即可通过延伸、循环得到一个扩增产物。就某一特定引物而言，它与基因组结合位点的序列互补，决定了扩增产物也是具有一定特异性的，如果不同个体在结合位点上的序列存在差异，就会形成扩增产物的出现、消失或长度变异等多态性现象，从而成为指示基因组 DNA 多态性的分子标记。通过使用大量不同的随机引物，就可得到许多的扩增产物的指纹图谱，使检测范围涵盖整个基因组，从而形成生物的特征性指纹图谱。

（3）基本步骤

RAPD 技术的基本步骤如下：DNA 提取→用随机引物进行 PCR 扩增→凝胶电泳分离扩增片段→紫外灯下观察凝胶，即可检测显示出不同材料该随机引物扩增的片段多态性（具体如图 4-5）。

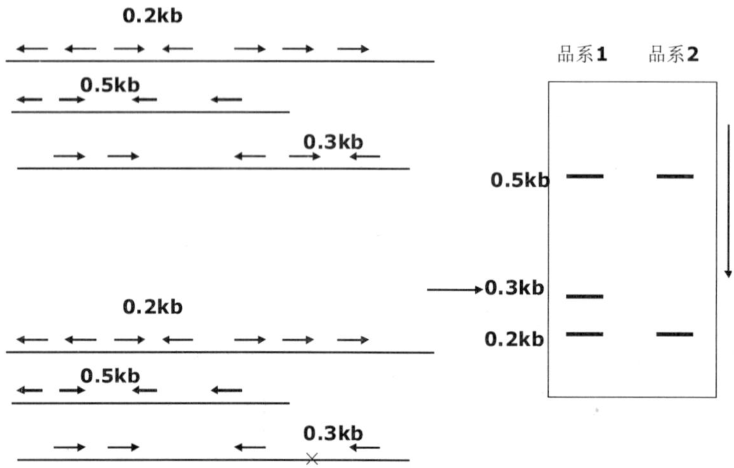

图 4-5 PAPD 技术示意图

3. 微卫星 DNA（SSR）

（1）特点

SSR 是一类由几个核苷酸（一般为 1～5 个）为重复单位组成的长达几十个核苷酸的串联重复序列。同一类的微卫星可分布于整个基因组的不同位置上，每个座位上重复单位的数目及重复单位的序列都可能不完全相同，因而造成了每个座位上的多态性。这种多态性的信息量比较高。微卫星 DNA 具有所有 RFLP 的遗传学优点，且避免了 RFLP 方法中使用放射性同位素的缺点，又比 RAPD 重复率和可信度高，而且能够鉴定纯合体和杂合体（即 SSR 具有共显性的特点），因而目前已成为遗传标记的热点。

微卫星长度具有高度变异性，并且这种多态性常常表现出复等位性，两端序列多是相对保守的单拷贝序列，因而可以根据两端的序列设计一对特异性引物，扩增每个位点的微卫星序列，从而揭示其长度的多态性。

然而微卫星引物的开发成本较高，一般不可能为鉴定品种专门开发引物。不过，可以利用微卫星在种间、属间的保守性，在不同种或品种间使用。徐立安等（2001）在用栎属 SSR 引物研究栲属树种时，发现

SSR 的保守性达到 64%。

（2）原理

在真核生物中大约每隔 0～50 b 就存在 1 个微卫星，因此可以利用和两侧区段互补的短序列引物通过 PCR 扩增重复序列本身，在凝胶上显示其多态性带型。这是由于微卫星寡核苷酸的重复次数在同一物种的不同基因型中差异很大以及由于重复序列 DNA 在复制时的滑动（Slippage）或染色单体的不等互换造成的。

（3）基本步骤

SSR 技术的基本步骤如下：DNA 提取→用 SSR 特异性引物进行 PCR 扩增→凝胶电泳分离扩增片段→银染显带，即可检测显示出不同材料该 SSR 引物扩增的片段多态性（具体见图 4-6）。

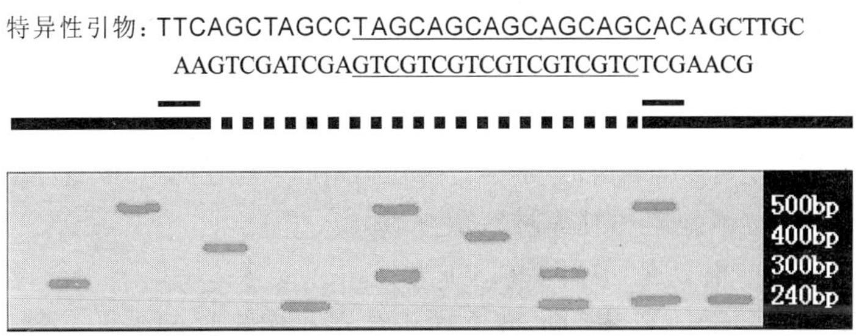

图 4-6　SSR 技术示意图

4. 扩增片段长度多态性（AFLP）

该技术是 1992 年由荷兰 Keygene 公司发明的。AFLP 以 PCR 为基础，实际上是 RFLP 和 PCR 相结合的一种方法。

（1）特点

AFLP 可以分析基因组较大的作物，多态性高，重复性强，准确性高。它也是一种核基因组多位点分析的分子标记技术，它既避免了 RAPD 分子标记重复性差、假阳性过高等弊端；同时，又无需任何目的基因组 DNA 的背景资料即可完成模板 DNA 多态性的检测，摆脱了 RFLP 繁琐和同位素辐射的危险。当然，AFLP 也同样存在一些技术上的不足。例如它扩增得到的主要是显性（约占多态位点数的 85%～96%）而非共显性标记，这便制约了其在品种鉴定等相关领域的应用，无法精确的鉴别纯合基因型和杂合基因型。

（2）原理

AFLP 的基本原理是基于 PCR 的扩增基因组 DNA 限制性片段多态性。基因组 DNA 先用成对的限制性内切酶进行双酶切，然后将双链接头连接到 DNA 片段的末端，通过选择在 3’端分别添加 1～3 个选择性碱基的不同引物，选择性地识别具有特异配对顺序的酶切并与之结合，从而实现特异性扩增。

（3）基本步骤

AFLP 流程包括模板准备、片段扩增和凝胶分析 3 个主要步骤。DNA 提取→用 DNA 限制性内切酶消化→与特定的 AFLP 寡核苷酸接头连接→通过预扩增和选择性扩增特定的限制性片段→用聚丙酰胺凝胶电泳分离限制性片段→通过放射自显影、银染或荧光标记等检测→观察 AFLP 产物的多态性并进行分析（见图 4-7）

5. 其它标记方法

除了上述 4 种常用的分子标记方法外，一些新的分子标记技术也不断发展，并逐渐地应用到品种鉴定领域。

（1）简单重复序列区间（ISSR）

是 Zietkeiwitcz 等于 1994 年在微卫星基础上发展起来的一种新的分子标记。其基本原理是：用锚定的微卫星 DNA 为引物，即在 SSR 序列的 3’端或 5’端加上 2～4 个随机核苷酸，在 PCR 反应中，锚定引物可引起特定位点退火，导致与锚定引物互补的间隔不太大的重复序列间 DNA 片段进行 PCR 扩增。所扩增的两个 SSR 区域间的多个条带通过聚丙烯酰胺凝胶电泳得以分辨，扩增谱带多为显性标记。由于微卫星在基因组中广泛分布，且等位变异丰富，因而可以检测到高的多态性。

ISSR 标记结合了 RAPD 和 SSR 的优点，所需 DNA 用量少、技术要求低、多态性水平高、成本低廉。PCR 扩增时退火温度在 52℃ 左右，保证了 PCR 扩增的可重复性。

（2）单核苷酸多态性（SNP）

SNP 是指基因组 DNA 序列中由于单个核苷酸的替换而引起的多态性。SNP 是在基因组中分布极为广泛且能够稳定遗传的变异，由于能检测到单个核苷酸位点的突变，非常适合于辐射育种、芽变选择等选育产

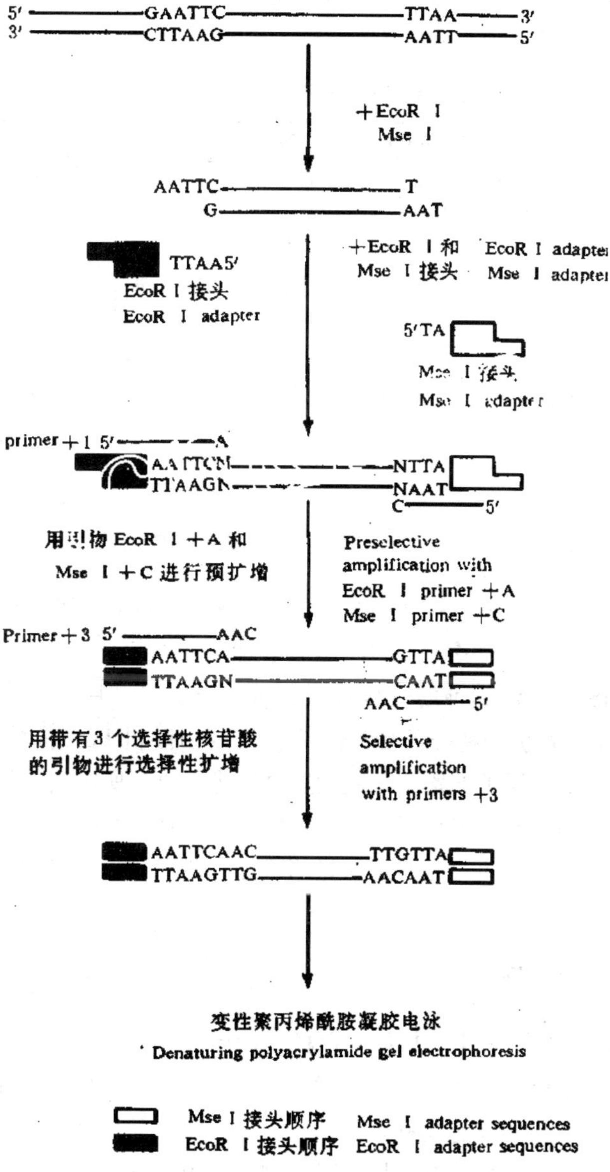

图 4-7　AFLP 反应过程示意图

生的新品种鉴定。目前可用于品种鉴定的分子标记方法很多，但有各自的优点和缺点（具体见表4-5）。

表4-5 不同分子标记方法的比较

	RFLP	RAPD	SNP	ISSR	SSR	AFLP
遗传特性	共显性	显性	显性/共显性	显性	共显性	显性/共显性
多态性水平	低	中等	低	中等	中等	高
可检测位点数	1~4	1~10	1	2~20	几十~100	50~200
检测基因组部位	低拷贝区	全基因组	全基因组	全基因组	重复序列区	全基因组
使用技术难度	中等	易	易	易	易	中等
DNA 质量要求	高	低	低	低	低	高
DNA 用量	5~10μg	<50μg	<50μg	<50μg	<50μg	100μg
是否使用同位素	是	否	否	否	否	否
检测时间	长	短	短	短	短	短
遗传多样性检测	少	普遍	少	普遍	少	一般

从分子标记的可靠性和简易性来看，利用 DNA 分子标记鉴定品种应首选 SSR 标记，其次是 ISSR、RAPD 和 AFLP 标记。当然，如能先用 RAPD 或 ISSR 检测到种的特异片段，可经过克隆和序列测定将其转化为 SCAR（序列扩增特征区域）标记，实现由随机 PCR 向特异 PCR 的转化。特别是近缘种的鉴定，利用物种在进化过程所固定的特异基因位点，构建种间保守的 DNA 片段。具体选择哪种分子标记方法，除了分子标记的特点，还应考虑鉴定材料的特点和研究背景，这样才能准确可靠地鉴定品种。

二、应用实例

1. AFLP 标记鉴定三倍体毛白杨无性系

由于三倍体毛白杨材性明显优于普通二倍体毛白杨，因此成为我国北方地区造纸材的首选树种。但由于其形态特征与普通毛白杨相似，特别从幼苗形态上难以区分，因此造成了二倍体毛白杨和三倍体毛白杨、三倍体毛白杨无性系间的混乱。胡晓丽等（2006）用 AFLP 标记对三倍体毛白杨 11 个无性系进行了鉴定。发现利用 3 个引物组合（M－CAT/

E－TA、M－CAT/E－TC、M－CAT/E－TG）获得的8条多态性条带构建了11个无性系的指纹图谱（图4-8），利用该图谱可以鉴定三倍体毛白杨11个无性系苗木的真实性。

	301	302	303	304	305	306	307	308	330	331	430	1319
M-CAT/E-TA 250bp				—				—				—
M-CAT/E-TA 200bp		—									—	
M-CAT/E-TA 150bp	—	—	—						—	—	—	—
M-CAT/E-TC 285bp		—			—							—
M-CAT/E-TC 280bp					—	—		—				
M-CAT/E-TC 200bp	—	—			—						—	
M-CAT/E-TG 300bp	—	—	—	—	—	—	—	—	—		—	—
M-CAT/E-TG 220bp	—	—	—	—	—	—	—	—			—	—

图4-8　AFLP扩增中的8条多态性条带

2. RAPD标记鉴定板栗栽培品种

张新叶等（2004）用RAPD标记对湖北省12个主栽板栗品种（京山深刺红毛早、京山青毛早、京山浅刺红毛早、京山白毛早、宜昌浅刺大板栗、宜昌深刺大板栗、京山浅刺大板栗、罗田六月暴、罗田羊毛栗、罗田中迟栗、罗田桂花香、京山重阳栗）进行鉴定。结果发现利用10个多态性引物产生的20个特异谱带，就可鉴别12个板栗品种。图4-8为引物OPB7对12个品种的扩增结果，其中有2个品种没有产生条带OPB7－1031。

12个板栗品种鉴定所需的标记及组合见表4-6。

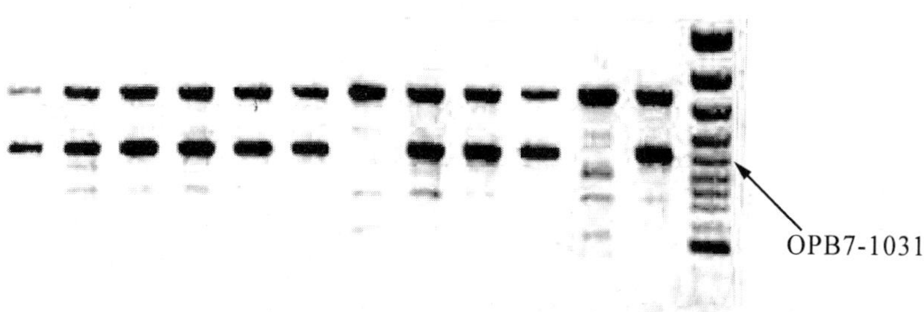

图4-9　引物OPB7对各品种的扩增结果

表 4-6 板栗品种鉴别标记及组合

板栗品种	鉴定标记名称及标记组合	标记/个	引物/个
京山青毛早	OPT20－1500	1	1
京山重阳栗	OPA13－500	1	1
宜昌浅刺大板栗	OPT20－1200/ OPT20－1800	2	1
罗田桂花香	OPC18－400/OPJ19－350 或 OPA1－1200/OPA13－800	2	2
京山白毛早	OPA13－500/OPA1－450	2	2
罗田羊毛栗	OPA1－1200/OPT20－1500	2	2
罗田六月暴	OPB7－1031/OPT20－1500	2	2
京山深刺红毛早	OPT20－1800/OPC19－900	2	2
京山浅刺红毛早	OPT20－1800/OPC19－900	2	2
罗田中迟栗	OPT20－1800/OPT20－1200/OPC19－700	3	2
京山浅刺大板栗	OPC5－510/OPC5－1100/OPC18－400	3	2
宜昌深刺大板栗	OPA1－450/OPA1－1200/OPC5－1100	3	2

3. 用 SSR 标记鉴定松属近缘种

在所有的分子标记技术中，SSR 标记是种质鉴定最简单实用又稳定可靠的标记方法，但前提是具备种特有的 SSR 引物。由于 SSR 引物在同属的不同种间有一定的通用性，因此也常利用同属开发的引物来鉴定同属不同种或种内不同品种。

松属近缘种由于种子和幼苗形态特征难以区分，为了确切地鉴定这些近缘种的真实性，Fu 等（2005）利用松科已有的 SSR 引物对 13 个松属近缘种进行鉴定。结果发现 5 对引物在种间具有多态性，而在种内具有保守性；用单个引物、2 个或多个引物组合即可把 10 个近缘种的 8 个鉴定出来。

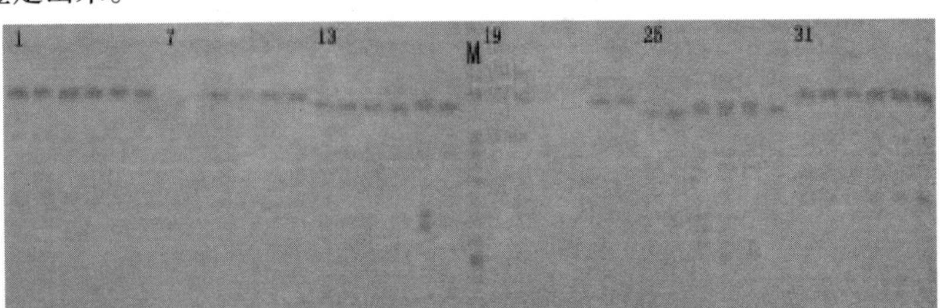

图 4-10 引物 PtTX3013 对部分松属树种的扩增产物

从图4-10可以看出，引物PtTX3013在黑松（*P. thunbergii*）（1－12泳道为2个种源的不同个体）和云南松（*P. yunnanensis*）（31～36泳道）上扩增到了长度为124bp特异条带；火炬松（*P. taeda*）（13～18泳道）和赤松（*P. densiflora*）（19～24泳道）扩增的特异产物长度为130bp；加勒比松（*P. caribaea*）（25～30泳道）的特异位点是160bp。可见，用引物PtTX3013可以直接鉴定加勒比松。再结合其它引物，即可把其余7个种鉴定出来。

综上所述，尽管林木种苗品种鉴定的方法很多，但总的鉴定原则是简单、可靠。因此，形态鉴定仍然是鉴定的主要手段；当形态鉴定存在一定的困难时，可以结合生化及分子生物学的方法加以鉴定。选择何种方法鉴定，要结合品种的特性和相关的研究加以综合考虑，才能真正快速有效鉴定品种，为林业生产提供保障。

参考文献

[1] Caspersson T, Farber S, Foley GE et a1. Chemical differentiation along metaphase chromosome [J]. EXp Cell Res, 1968, (49): 219～222.

[2] Fu XX and Shi JS. Identification of *seeds* of Pinus species by microsatellite markers [J]. J. of Forestry Research, 2005, 16 (4): 281～284.

[3] Furman BJ, Granttapaglia D, Dvorak Ws et a1. Analysis of genetic relationships of central American and mexicanpines using RAPD markers that distinguish species [J]. Molecular Ecology, 1997, (6): 321～331.

[4] Jobindecor MP, Graham G C, Hemy RY, et a1. Rapid and isozyme analysis of genetic relations between Carica papaya and wild relatives [J]. Cenetic Resources and Crop Evolution, 1997, 44 (5): 471477.

[5] Joshi CP, Nguyen HT. Application of the random amplified polymorphism among wild and cultivated tetraploid wheats [J]. Genome, 1993, (36): 602～609.

[6] Masahiro H, Atsuo O and Akio T. Chromosome banding in the genus Pinus II: Interspecific variation of fluorescent banding pattern in *P. densiora* and *P. thunbergii* [J]. Bot Mag Tokyo, 1989, (102): 25～36.

[7] Masahiro H, Atsuo O and Akio T. Chromosome banding in the genus Pinus II: dentification of chromosomes in *P nigra* by fluorescent banding method [J]. Bot Mag Tokyo, 1983, (96): 273～276.

[8] Welsh J, Honeycutt RJ, McCleand M et al. Determination in maize hybrids using the

arbitrarily primed polymerase chain reaction (AP ~ PCR) [J]. Tag, 1991, 82: 473 ~476.

[9] Williams JGK, Kubelic AR, Livak KJ, et al. DNA polymorphisms amplified by arbitrary primers are useful as genetic markers [J]. NAR, 1990, 18 (22): 6531 ~6535.

[10] 褚孟嫄, 班俊, 雷道荣. 果梅品种过氧化物酶同工酶分类初探 [J]. 果树科学, 1988, 5 (2): 62 ~64.

[11] 董绍珍, 俞宏. 湖北海棠类过氧化物同工酶分析 [J]. 果树科学, 1989, 6 (2): 103 ~105.

[12] 高捍东, 沈永宝, 苑兆和. 用过氧化物同功酶分析鉴定松属种子的真实性[J]. 中南林学院学报. 199, 15 (1): 30 ~32.

[13] 弓彩霞, 乔晨, 高艳春. 落叶松种皮微形态特征及种子鉴定的研究 [J]. 干旱区资源与环境, 1994, 8 (3): 80 ~83.

[14] 胡晓丽, 周春江, 岳良松. 三倍体毛白杨无性系的 AFLP 分子标记鉴定 [J]. 北京林业大学学报, 2006, 28 (2): 9 ~14.

[15] 吕英民, 吕增仁, 高锁柱. 杏品种儿茶酚氧化酶同工酶分析 [J]. 果树科学, 1996, 13 (2): 105 ~106.

[16] 马兵钢, 牛建新, 潘立忠等. 应用同工酶对梨属下种、品种及芽变的鉴定 [J]. 新疆农业科学, 2003, 40 (5): 262 ~264.

[17] 毛子军, 袁晓颖, 祖无刚等. 西伯利亚红松与红松种子形态、种皮显微构造的比较研究 [J]. 林业科学, 2003, 39 (4): 155 ~160.

[18] 曲泽洲, 王永蕙, 张凝艳. 同工酶在枣品种分类研究中的应用 [J]. 河北农业大学学报, 1990, 13 (4): 1 ~7.

[19] 徐立安, 李新军. 用 SSR 研究榜树群体遗传结构 [J]. 植物学报, 2001, 43 (4): 409 ~412.

[20] 徐进, 陈天华, 王章荣. 马尾松染色体的荧光带型的研究 [J]. 武汉植物学研究, 1998, (2): 51 ~ 54.

[21] 徐进, 陈天华. 油松及云南松染色体的荧光带型 [J]. 南京林业大学学报, 1999a, 23 (1): 48 ~51.

[22] 徐进, 陈天华. 火炬松与湿地松染色体的荧光带型 [J]. 东北林业大学学报, 1999b, 27 (6): 14 ~16.

[23] 颜启传主编. 种子学 [M]. 北京: 中国农业出版社, 2001, p446 ~447.

[24] 杨云贞. 枣品种的核型研究 [J]. 河北: 河北农业大学, 1991

[25] 应叶青, 劳勤, 吴勇等. 拟单性木兰属种子形态、化学鉴别的研究 [J]. 浙

江林业科技．2005, 25（1）: 5 ~ 8.

[26] 张新叶，黄敏仁．湖北省主栽板栗品种的分子鉴别［J］．南京林业大学学报，2004, 28（5）: 93 ~ 95.

[27] 周荣汉主编．药用植物化学分类学［M］．上海：上海科学技术出版社，1988，p177.

[28] 朱立武 柑橘叶片与种子蛋白质电泳带型分析［J］．安徽农学院学报，1988，(1): 51 ~ 55.

[29] 朱之悌，康向阳，张志毅．毛白杨天然三倍体选种研究［J］．林业科学，1998, 34（4）: 22 ~ 31.

附录

附录1　国际种子检验协会(ISTA)简介

国际种子检验协会(ISTA)成立于1924年,是一个由各国官方种子检验室(站)和种子技术专家组成的世界性的政府间协会。它由分布在世界各国的种子科学家和成员种子检验站组成。成员科学家和种子检验站必须经ISTA认证许可。ISTA本部设在挪威首都奥斯陆,秘书处设在瑞士苏黎士。秘书处地址为:

International Seed Testing Association

Secretariat, P. O. Box 308

Zuerichstrasse 50 8303 Bassersdorf,

CH-8046 Zurich, Switzerland

E-mail: ista. office@ ista. ch

Website: www. seedtest. org

ISTA是一个非赢利性组织,经费由会员国捐赠。截至2004年底,ISTA有会员国74个,会员检验站160个,207人是ISTA个人会员。我国目前只有农业部畜牧局牧草种子检验站和中国农业大学牧草种子研究室是ISTA成员。

ISTA的主要任务有以下几点:

(1)制订、修订、出版和推行国际种子检验规程

(2)促进在国际种子贸易中广泛采用一致性的标准检验程序

(3)开展种子科学研究和技术培训工作

(4)出版《种子科学与技术》、《种子研究和技术进展》和《ISTA新闻通报》等刊物

(5)颁发国际种子检验证书

(6)定期召开世界性种子会议,讨论和修订国际种子检验规程,交流种子科技研究成果。

ISTA的最高机构是执行委员会,由11人组成。下设秘书处和17个技术委员会。每个技术委员会由15人组成。执行委员会在秘书的胁助下处理日常工作。执行委员会和17个技术委员会成员由ISTA大会选举产生。他们由分布在世界各地的种子科学家组成。

2007 – 2010 届 ISTA 执行委员会人员组成情况如下：

Katalin Ertsey，主席，匈牙利

John Hampton，第一副主席，新西兰

Udo von Kröcher，第二副主席，德国

Mary Chipili，成员，赞比亚

Jorge Rosales King，成员，波利维亚

Joë Léchappé，成员，法国

Susan Maxon，成员，美国

Alison A. Powell，成员，英国

Masatoshi Sato，成员，日本

Grethe Tarp，成员，丹麦

Rita Zecchinelli，成员，意大利

17 个技术委员会情况如下：(2004 – 2007)

1. 堆装和扦样委员会(BSC) 主席：Prof. Michael Kruse 德国

主要工作：(1)评价堆装和混合设备

(2)确定新列入种的种批大小

2. 净度委员会(PUR) 主席：Dr. Maria Rosaria Mannino 法国

主要工作：(1)净度定义工作组

(2)热带和亚热带植物种类工作组

(3)种的鉴定工作组

(4)净种工作者

(5)仲裁检验组

3. 发芽委员会(GER) 主席 Mr. Ronald Don 英国

主要工作：(1)破除休眠工作组

(2)发芽条件工作组

(3)幼苗评定工作组

(4)幼苗鉴定手册编写工作组

4. 乔灌木种子委员会(FTS) 主席 Mrs. Zdenka Procházková 捷克

主要工作：(1)完成热带和亚热带林木种子手册

(2)确定真正的顽拗型种子

(3)种质资源贮藏寿命的预测

5. 四唑委员会(TEZ) 主席:Mrs. Stefanie Krämer 德国

主要工作:(1)新加入种的测定程序

(2)进一步完善和发展四唑测定技术

6. 活力委员会(VIG) 主席:Dr. Alison A. Powell 英国

主要工作:(1)电导测定

(2)加速老化测定

(3)冷冻测定

(4)活力测定程序的标准化,与田间表现进行比较

(5)在国际规程中编写活力测定这一章

7. 含水量委员会(MOI) 主席 Mr. J. Harry Nijënstein 荷兰

主要工作:(1)测定方法的进一步完善

(2)仲裁测定

8. 贮藏委员会(STO) 主席 Prof. Dr. David John Mycock 南非

主要工作:(1)真菌对贮藏种子的影响

(2)真菌与正常型种子

(3)真菌与顽拗型种子

(4)顽拗型种子的离体胚贮藏

9. 品种委员会(VAR) 主席 Herr Rainer Knoblauch 德国

主要工作:(1)电泳工作组(蛋白质电泳、DNA 技术)

(2)快速生化鉴定工作组

(3)温室培养工作组

(4)热带作物工作组

培训班 品种鉴定培训班

学术讨论会 品种鉴定新技术学术讨论会

10. 统计委员会(STA) 主席 Dr Sylvain Grégoire 法国

主要工作:(1)检验实验室设备的可靠性

(2)植物病害测定允许误差

(3)开发统计软件

(4)研究异质性测定和扦样强度

(5)编写统计手册

11. 规程委员会(RUL) 主席 Dr. Steve Jones 英国

主要工作:(1)修订国际规程

12. 仲裁委员会(REF) 主席 Dr. A. B. Ednie 加拿大

主要工作:(1)仲裁检验的组织和报告的编写

(2)对成员站进行监督考核、授权新的成员站

13. 种子健康委员会(PDC) 主席 Mrs. Valerie Cockerell 英国

主要工作:(1)编写病害测定手册

(2)深入比较种子健康测定方法,以便筛选出鉴定正确和一致性结果的方法

(3)研究种子携带病害的处理技术

14. 命名委员会(NOM) 主席 Dr. John H. Wiersema 美国

主要工作:对规程中种名的认定

15. 花卉种子委员会(FSC) 主席 Mrs. Zita Ripka 匈牙利

主要工作:(1)花卉种子手册

(2)规程修订

16. 设备委员会(EQU) 主席:Mrs. Grethe Tarp 丹麦

主要工作:(1)小型净种设备研制

(2)净种设备的标准化

17. 编辑委员会(EDI) 主席 Dr. Simon A. Draper 英国

主要工作:出版种子科学与技术刊物

(1)《ISTA 新闻通报》

(2)《种子科学和技术》季刊

(3)《种子科学与技术进展》

附录 2 国际种子检验协会世界大会年表

1906 年,在德国汉堡举行了第一次国际种子检验大会。

第 2 次 1910 荷兰瓦赫宁根

第 3 次 1921 丹麦哥本哈根

1924 年全世界种子检验工作者在英国剑桥举行第四次世界大会,正式成立国际种子检验协会(International Seed Test Association)。ISTA 每 3 年举行一次世界大会(1937 ~ 1950 年受第二次世界大战影响除外)。

第 5 次 1928 意大利罗马

第 6 次 1931 荷兰阿姆斯特丹 通过第一部国际种子检验规程

第 7 次 1934 瑞典斯德哥尔摩

第 8 次 1937 瑞士苏黎世

第 9 次 1950 美国华盛顿

第 10 次 1953 爱尔兰都柏林

第 11 次 1956 法国巴黎

第 12 次 1959 挪威奥斯陆

第 13 次 1962 葡萄牙里斯本

第 14 次 1965 联邦德国慕尼黑

第 15 次 1968 新西兰北帕默斯顿

第 16 次 1971 美国华盛顿

第 17 次 1975 波兰华沙

第 18 次 1977 西班牙马德里

第 19 次 1980 奥地利维也纳

第 20 次 1983 加拿大渥太华

第 21 次 1986 澳大利亚布里斯班

第 22 次 1989 英国爱丁堡

第 23 次 1992 阿根廷布宜诺斯艾里斯

第 24 次 1995 丹麦哥本哈根

第 25 次 1998 南非比勒陀尼亚

第 26 次 2001 法国的 Angers

第 27 次 2004 匈牙利布达佩斯

第 28 次 2007 巴西的 Iguassu Falls

附录 3　北美官方种子分析者协会(AOSA)简介

北美官方种子分析者协会成立于 1908 年,成立之初就将其宗旨定为协调各州不同种子检验站(实验室)间种子检验方法、结果和报告的一致性。AOSA 的成员由美国和加拿大的联邦、州(省)和大学的种子实验室组成。这些实验室必须拥有经认证许可的种子分析人员。

AOSA 由一个包括主席、副主席、财务秘书、前任主席和编辑委员会主席及其他人员在内的 11 人执行委员会组成。其办公地址如下:

Association of Official Seed Analysts

AOSA Management Office

PMB#411

1763 E. University Blvd. ,Suite A

Las Cruces,NM 88001

USA

E - mail aosaoffice@ earthlink. net

Website: www. aosaseed. com

AOSA 的研究和种子检验标准等工作由具体的专业委员会来完成。这些专业委员会经常召开会议,交流研究进展和修订检验规程。

AOSA 的主要任务有以下几点:

(1)编辑种子检验规程,协调各州之间的种子检验方法

(2)修订种子检验规程

(3)监督各成员检验站和检验人员,保证检验方法的一致性

(4)参与联邦和州(省)的种子立法

(5)出版《种子技术》杂志

附录 4　种批和样品重量表

顺序号	树种	种批的最大重量(kg)	样品最低重量(g)	
			送检样品	净度分析测定样品
1	冷杉 *Abies fabri*	1000	100	50
2	岷江冷杉 *A. faxoniana*	1000	50	30
3	日本冷杉 *A. firma*	1000	200	100
4	杉松(沙松)*A. holophylla* Maxim.	1000	250	150
5	雪松 *Cedrus deodara*	1000	600	300
6	日本扁柏 *Chamaecyparis obtusa*	250	12	6
7	日本花柏 *Ch. pisifera*	250	10	3
8	柳杉 *Cryptomeria fortunei*	1000	20	10
9	日本柳杉 *C. japonica*	1000	20	10
10	杉木 *Cunninghamia lanceolata*	1000	50	30
11	干香柏(冲天柏)*Cupressus duclouxiana*	1000	35	15
12	柏木 *C. funebris*	1000	35	15
13	福建柏 *Fokienia hodginsii*	1000	60	25
14	银杏 *Ginkgo biloba*	10000	>500 粒	>500 粒
15	落叶松(兴安落叶松)*Larix gmelinii*	1000	25	10

（续）

顺序号	树种	种批的最大重量（kg）	样品最低重量(g)	
			送检样品	净度分析测定样品
16	日本落叶松 *L. kaempferi*	1000	25	10
17	四川红杉 *L. mastersiana*	1000	25	10
18	黄花落叶松（长白落叶松）*L. olgensis*	1000	25	10
19	红杉 *L. potaninii*	1000	25	10
20	华北落叶松 *L. principis – rupprechtii*	1000	25	10
21	西伯利亚落叶松 *L. sibirica*	1000	25	10
22	水杉 *Metasequoia glyptostroboides*	250	15	5
23	云杉 *Picea asperata*	1000	25	7
24	鱼鳞云杉 *P. jezoensis* var. *microsperma*	1000	25	7
25	红皮云杉 *P. koraiensis*	1000	25	9
26	白杄 *P. meyeri*	1000	35	15
27	天山云杉 *P. schrenkiana* var. *tianshanica*	1000	25	9
28	青杄 *P. wilsonii*	1000	35	15
29	华山松 *Pinus armandi*	3500	1000	700
30	白皮松 *P. bungeana*	3500	850	500

（续）

顺序号	树种	种批的最大重量(kg)	样品最低重量(g)	
			送检样品	净度分析测定样品
31	加勒比松 *P. caribaea*	1000	100	50
32	赤松 *P. densiflora*	1000	60	30
33	萌芽松 *P. echinata*	1000	4	5
34	湿地松 *P. elliottii*	1000	160	80
35	思茅松 *P. kesiya* var. *langbianensis*	1000	85	35
36	红松 *P. koraiensis*	5000	2000	1000
37	南亚松 *P. latteri*	1000	120	60
38	马尾松 *P. massoniana*	1000	85	35
39	卵果松 *P. oocarpa*	1000	70	35
40	长叶松 *P. palustris*	1000	500	250
41	日本五针松 *P. parviflora*	1000	500	250
42	展叶松 *P. patula*	1000	40	20
43	辐射松 *P. radiata*	1000	160	80
44	刚松 *P. rigida*	1000	50	30
45	晚松 *P. rigida* var. *serotina*	1000	85	35

（续）

顺序号	树种	种批的最大重量（kg）	样品最低重量(g)	
			送检样品	净度分析测定样品
46	樟子松 *P. sylvestris* var. *mongolica*	1000	40	20
47	油松 *P. tabulaeformis*	1000	100	50
48	火炬松 *P. taeda*	1000	140	70
49	黄山松 *P. taiwanensis*	1000	100	50
50	黑松 *P. thunbergii*	1000	85	35
51	云南松 *P. yunnanensis*	1000	85	35
52	侧柏 *Platycladus orientalis*	1000	120	60
53	竹柏 *Podocarpus nagi*	5000	1200	1000
54	大叶竹柏 *P. olifera*	500	>500 粒	>500 粒
55	金钱松 *Pseudolarix kaempferi*	1000	200	100
56	圆柏 *Sabina chinensis*	1000	180	90
57	铅笔柏 *S. virginiana*	1000	70	35
58	池杉 *Taxodium ascendens*	1000	500	250
59	落羽杉 *T. distichum*	1000	500	250
60	金合欢属 *Acacia* spp.	1000	70	35

（续）

顺序号	树种	种批的最大重量(kg)	样品最低重量(g)	
			送检样品	净度分析测定样品
61	台湾相思(相思树)*A. richii*	1000	200	80
62	黑荆树 *A. mearnsii*	1000	70	35
63	鸡爪槭 *Acer palmatum*	10000	100	50
64	元宝枫 *A. truncatum*	3500	850	400
65	七叶树 *Aesculus chinensis*	10000	>500 粒	>500 粒
66	臭椿 *Ailanthus altissima*	1000	160	80
67	合欢 *Albizia julibrissin*	1000	200	100
68	三年桐 *Aleurites fordii*	10000	>500 粒	>500 粒
69	千年桐 *A. montana*	10000	>500 粒	>500 粒
70	桤木 *Alnus cremastogyne*	250	25	4
71	旱冬瓜(蒙自桤木)*A. nepalensis*	250	12	6
72	紫穗槐 *Amorpha fruticosa*	1000	85	50
73	腰果 *Anacardium occidentale*	10000	>300 粒	>300 粒
74	团花 *Anthocephalus chinensis*	250	6	1
75	木菠罗 *Artocarpus heterophyllus*	10000	>300 粒	>300 粒

（续）

顺序号	树种	种批的最大重量（kg）	样品最低重量(g)	
			送检样品	净度分析测定样品
76	羊蹄甲 *Bauhinia purpurea*	3500	1000	700
77	垂枝桦 *Betula pendula*	250	10	1
78	白桦 *B. platyphylla*	250	10	1
79	油茶 *Camellia oleifera*	5000	>500 粒	>500 粒
80	茶 *C. sinensis*	5000	>500 粒	>500 粒
81	喜树 *Camptotheca acuminata*	1000	200	100
82	柠条锦鸡儿 *Caragana korshinskii*	1000	200	100
83	小叶锦鸡儿 *C. microphylla*	1000	200	100
84	薄壳山核桃 *Carya illinoensis*	10000	>300 粒	>300 粒
85	铁刀木 *Cassia siamea*	1000	200	80
86	锥栗 *Castanea henryi*	10000	>500 粒	>500 粒
87	板栗 *C. mollissima*	10000	>300 粒	>300 粒
88	红椎 *Castanopsis hystrix*	5000	1200	900
89	青钩栲(格氏栲) *C. kawakamii*	10000	>500 粒	>500 粒
90	木麻黄 *Casuarina equisetifolia*	250	15	2

（续）

顺序号	树种	种批的最大重量（kg）	样品最低重量(g)	
			送检样品	净度分析测定样品
91	梓属 *Catalpa* spp.	1000	120	60
92	麻楝 *Chukrasia tabularis*	1000	85	35
93	樟树 *Cinnamomum camphora*	3500	600	300
94	肉桂 *C. cassia*	3500	1000	600
95	银木 *C. septentrionale*	3500	600	300
96	南岭黄檀 *Dalbergia balansae*	1000	250	150
97	降香黄檀 *D. odorifera*	1000	1000	500
98	凤凰木 *Delonix regia*	3500	1200	900
99	君迁子 *Diospyros lotus*	1000	400	250
100	坡柳(车桑子) *Dodonaea viscosa*	250	5	2
101	沙枣 *Elaeagnus angustifolia*	1000	800	400 900
102	翅果油树 *E. mollis*	5000	1200	
103	泡火绳 *Eriolaena malvacea*	1000	70	35
104	格木 *Erythrophleum fordii*	5000	>500 粒	>500 粒
105	赤桉 *Eucalyptus camaldulensis*	250	15	—

（续）

顺序号	树种	种批的最大重量（kg）	样品最低重量（g）	
			送检样品	净度分析测定样品
106	柠檬桉 *Eu. citriodora*	1000	40	15
107	窿缘桉 *Eu. exserta*	250	6	—
108	蓝桉 *Eu. globulus*	250	6	—
109	葡萄桉 *Eu. botryoides*	250	6	—
110	直干蓝桉 *Eu. maidenii*	250	40	15
111	王桉 *Eu. regnans*	250	30	10
112	大叶桉 *Eu. robusta*	250	15	—
113	蜡皮桉 *Eu. rubida*	250	15	—
114	谷桉 *Eu. smithii*	250	30	10
115	细叶桉 *Eu. tereticornis*	250	15	—
116	多枝桉 *Eu. viminalis*	250	30	10
117	杜仲 *Eucommia ulmoides*	1000	400	250
118	梧桐 *Firmiana simplex*	3500	850	500
119	白蜡树 *Fraxinus chinensis*	1000	200	100
120	水曲柳 *F. mandshurica*	1000	400	200

（续）

顺序号	树种	种批的最大重量（kg）	样品最低重量（g）	
			送检样品	净度分析测定样品
121	皂荚 *Gleditsia sinensis*	3500	1200	800
122	云南石梓 *Gmelina arborea*	3500	1200	900
123	海南石梓 *G. hainanensis*	3500	1200	900
124	银桦 *Grevillea robusta*	1000	85	35
125	梭梭 *Haloxylon ammodendron*	1000	35	15
126	白梭梭 *H. persicum*	1000	35	15
127	蒙古岩黄蓍（羊柴）*Hedysarum mongolicum*	1000	160	80
128	花棒（细枝岩黄蓍）*H. scoparium*	1000	200	100
129	沙棘 *Hippophae rhamnoides*	1000	85	35
130	红花天料木（母生）*Homaliun hainanense*	250	15	1
131	坡垒 *Hopea hainanensis*	5000	1200	900
132	核桃 *Juglans rigia*	10000	>300 粒	>300 粒
133	非洲桃花心木 *Khaya senegalensis*	3500	850	500
134	栾树 *Koelreuteria paniculata*	1000	800	400
135	紫薇 *Lagerstroemia indica*	250	15	5

（续）

顺序号	树种	种批的最大重量（kg）	样品最低重量（g）	
			送检样品	净度分析测定样品
136	胡枝子 *Lespedeza bicolor*	1000	60	25
137	枫香 *Liquidambar formosana*	1000	35	15
138	鹅掌楸 *Liriodendron chinense*	1000	180	90
139	北美鹅掌楸 *L. tulipifera*	1000	180	90
140	金银花（忍冬）*Lonicera japonica*	1000	35	15
141	枸杞 *Lycium chinense*	250	15	15
142	绿楠（海南木莲）*Manglietia hainanensis*	1000	200	100
143	楝树 *Melia azedarach*	5000	>500 粒	>500 粒
144	川楝 *M. toosendan*	5000	>500 粒	>500 粒
145	醉香含笑（火力楠）*Michelia macclurei*	3500	600	300
146	桑属 *Morus* spp.	250	20	5
147	壳菜果（米老排）*Mytilaria laosensis*	3500	850	500
148	兰考泡桐 *Paulownia elongata*	250	6	1
149	白花泡桐 *P. fortunei*	250	6	1
150	毛泡桐 *P. tomentosa*	250	6	1

（续）

顺序号	树种	种批的最大重量（kg）	样品最低重量（g）	
			送检样品	净度分析测定样品
151	黄波罗（黄檗）*Phellodendron amurense*	1000	85	50
152	毛竹 *Phyllostachys pubescens*	1000	85	50
153	黄连木 *Pistacia chinensis*	1000	350	200
154	悬铃木属 *Platanus* spp.	250	25	6
155	杨属 *Populus* spp.	250	5	2
156	山杏 *Prunus armeniaca* var. *ansu*	5000	>500 粒	>500 粒
157	山桃 *P. davidiana*	10000	>500 粒	>500 粒
158	枫杨 *Pterocarya stenoptera*	1000	400	200
159	葛藤 *Pueraria lobata*	1000	85	35
160	栎属 *Quercus* spp.	10000	>500 粒	>500 粒
161	火炬树 *Rhus typhina*	1000	50	30
162	刺槐 *Robinia pseudoacacia*	1000	100	50
163	旱柳 *Salix matsudana*	250	5	2
164	乌桕 *Sapium sebiferum*	3500	850	400
165	檫木 *Sassafras tsumu*	1000	400	200

（续）

顺序号	树种	种批的最大重量（kg）	样品最低重量(g)	
			送检样品	净度分析测定样品
166	木荷 *Schima superba*	1000	35	15
167	箭竹 *Sinarundinaria nitida*	1000	35	15
168	槐树 *Sophora japonica*	3500	100	50
169	大叶桃花心木 *Swietenia macrophylla*	3500	1000	900
170	丁香属 *Syringa* spp.	1000	30	15
171	乌墨(海南蒲桃) *Syzygium cumini*	5000	1200	900
172	柚木 *Tectona grandis*	5000	2000	1000
173	鸡尖(海南榄仁树) *Terminalia hainanensis*	3500	850	350
174	椴属 *Tilia* spp.	1000	500	250
175	香椿 *Toona sinensis*	1000	80	40
176	漆树 *Toxicodendron verniciflum*	1000	250	150
177	棕榈 *Trachycarpus fortunei*	3500	1000	800
178	榔榆 *Ulmus parvifolia*	1000	20	8
179	白榆 *U. pumila*	1000	30	15
180	青梅 *Vatica astrotricha*	3500	1000	800

（续）

顺序号	树种	种批的最大重量（kg）	样品最低重量（g）	
			送检样品	净度分析测定样品
181	文冠果 *Xanthoceras sorbifolia*	5000	>500 粒	>500 粒
182	大叶榉 *Zelkova schneideriana*	1000	200	75

注：引自 GB2772－1999《林木种子检验规程》和 1996 版《国际种子检验规程》。

附录5 发芽测定技术条件表

序号	树种	发芽床	温度 ℃	初次计数,天	末次计数,天	发芽测定前的处理
1	岷江冷杉 *Abies faxoniana*	纸	25	14	28	始温45℃水浸种24h
2	日本冷杉 *A. firma*	纸	20~30	7	28	3~5℃层积21天
3	杉松(沙松) *A. holophylla*	纸	20~30	10	28	—
4	柳杉 *Cryptomeria fortunei*	纸	25	18	28	—
5	日本柳杉 *C. japonica*	纸	20~30	7	28	—
6	杉木 *Cunninghamia lanceolata*	纸	25	10	21	—
7	干香柏(冲天柏) *Cupressus duclouxiana*	纸	25	14	28	始温45℃水浸种24h
8	柏木 *C. funebris* Endl.	纸	20	20	35	—
9	福建柏 *Fokienia hodginsii*	纸	25	14	28	—
10	银杏 *Ginkgo biloba*	沙	25,20~30	14	28	1~5℃层积60天
11	落叶松(兴安落叶松) *Larix gmelinii*	纸	20~25	14	28	始温45℃水浸种24h
12	日本落叶松 *L. kaempferi*	纸	20	14	21	1~5℃层积10~15天
13	四川红杉 *L. mastersiana*	纸	20	10	24	始温45℃水浸种24h
14	黄花落叶松(长白落叶松) *L. olgensis*	纸	25	14	21	始温45℃水浸种24h
15	红杉 *L. potaninii*	纸	20	10	24	始温45℃水浸种24h

（续）

序号	树种	发芽床	温度℃	初次计数，天	末次计数，天	发芽测定前的处理
16	华北落叶松 *L. principis - rupprechtii*	纸	25，20～30	12	21	始温45℃水浸种24h
17	西伯利亚落叶松 *L. sibirica*	纸	20～30	14	28	始温45℃水浸种24h
18	水杉*Metasequoia glyptostroboides*	纸	25	10	21	—
19	云杉 *Picea asperata* Mast.	纸	20～25	10	24	始温45℃水浸种24h
20	红皮云杉 *P. koraiensia*	纸	25，20～30	14	21	始温45℃水浸种24h
21	白杄 *P. meyeri*	纸	25	9	19	—
22	天山云杉 *P. schrenkiana* var. *tianshanica*	纸	25	10	25	—
23	青杄 *P. wilsonii*	纸	20，25	10	21	—
24	华山松 *Pinus armandii*	沙	20～30	14	42	①始温45℃水浸种72h ②有休眠的种源1～5℃层积30天
25	白皮松 *P. bungeana*	沙	20～25	14	35	1～5℃层积60天
26	湿地松 *P. elliottii*	纸	25，20～30	14	28	—
27	思茅松 *P. kesiya* var. *langbianensis*	纸	25	10	27	始温45℃水浸种24h
28	南亚松 *P. latteri*	纸	30	7	14	—
29	马尾松 *P. massoniana*	纸	25	10	21	—
30	刚松 *P. rigida*	纸	20～30	10	16	始温45℃水浸种24h

（续）

序号	树种	发芽床	温度 ℃	初次计数，天	末次计数，天	发芽测定前的处理
31	晚松 *P. rigida* var. *serotina*	纸	20～30	10	21	—
32	樟子松 *P. sylvestris* var. *mongolica*	纸	25	10	18	—
33	油松 *P. tabulaeformis*	纸	25	10	21	始温45℃水浸种24h
34	火炬松 *P. taeda*	纸	25,20～30	14	21	1～5℃层积28天
35	黄山松 *P. taiwanensis*	纸	20～30	10	21	—
36	黑松 *P. thunbergii*	纸	25	14	28	—
37	云南松 *P. yunnanensis*	纸	25	10	27	—
38	侧柏 *Platycladus orientalis*	纸	25,20～25	14	28	始温45℃水浸种24h
39	竹柏 *Podocarpus nagi*	沙	25	25	42	—
40	金钱松 *Pseudolarix kaempferi*	纸	20,20～30	21	35	—
41	铅笔柏 *Sabina virginiana*	纸	15	14	28	20℃层积60天后转入3～5℃层积45天
42	池杉 *Taxodium ascendens*	沙	20～30	14	28	①室温水浸2周，每天换水；②1～5℃层积90天；
43	落羽杉 *T. distichum*	纸	20,20～30	7	28	3～5℃层积30天；
44	台湾相思（相思树）*Acacia richii*	纸	25	7	21	①始温100℃水浸种2min，自然冷却24h；②浓硫酸浸种15～20min后充分冲洗；

（续）

序号	树种	发芽床	温度 ℃	初次计数，天	末次计数，天	发芽测定前的处理
45	黑荆树 *A. mearnsii*	纸	30	7	21	①沸水浸种 5min，自然冷却 24h；②浓硫酸浸种 15 ~ 20min 后充分冲洗；
46	鸡爪槭 *Acer palmatum*	沙或纸	20	7	21	1 ~ 5℃层积 120 天
47	元宝枫 *A. truncatum*	纸	25	7	14	去翅，室温水浸 2 天后剥去果皮及种皮
48	臭椿 *Ailanthus altissima*	纸	30	10	16	去翅，始温 45℃ 水浸种 24h
49	合欢 *Albizia julibrissin*	纸	20 ~ 30	7	14	始温 80℃ 水浸种 24h，余硬粒再处理 1 ~ 2 次
50	三年桐 *Aleurites fordii*	纸	25	14	21	去掉种皮
51	千年桐 *A. montana*	纸	25	14	21	去掉种皮
52	桤木 *Alnus cremastogyne*	纸	25	7	21	—
53	旱冬瓜（蒙自桤木）*A. nepalensis*	纸	25	7	21	—
54	红枝桤木 *Alnus rubra*	纸	20 ~ 30	7	21	—
55	紫穗槐 *Amorpha fruticosa*	纸	20 ~ 25	7	14	去外种皮，始温 60℃ 水浸种 24h
56	腰果 *Anacardium occidentale*	纸	20 ~ 30	7	18	—
57	团花 *Anthocephalus chinensis*	纸	25	14	28	1 ~ 5℃层积 60 天
58	木菠萝 *Artocarpus heterophyllus*	纸	25 ~ 30	7	21	—

（续）

序号	树种	发芽床	温度 ℃	初次计数,天	末次计数,天	发芽测定前的处理
59	羊蹄甲 *Bauhinia purpurea*	纸	25	7	14	浓硫酸浸种 10min 后充分冲洗
60	垂枝桦 *Betula pendula*	纸	20 ~ 30	5	10	—
61	白桦 *B. platyphylla*	纸	20 ~ 30	7	14	—
62	紫珠 *Callicarpa dichotama*	纸	20 ~ 30	14	21	—
63	油茶 *Camellia oleifera*	纸	25	8	12	5 ~ 10℃层积 45 天
64	茶 *C. sinensis*	纸	25	8	12	5 ~ 10℃层积 45 天
65	喜树 *Camptotheca acuminata*	纸	20 ~ 30	17	28	冷水浸 3 天,剥去果皮
66	柠条锦鸡儿 *Caragana korshinskii*	纸	25	9	17	—
67	小叶锦鸡儿 *C. microphylla*	纸	25	10	21	—
68	薄壳山核桃 *Carya illinoensis*	沙	20 ~ 30	21	49	1 ~ 5℃层积 60 天
69	铁刀木 *Cassia siamea*	纸	25	10	20	浓硫酸浸种 3min 后充分冲洗
70	锥栗 *Castanea henryi*	沙	25	7	21	—
71	板栗 *C. mollissima*	沙	20 ~ 25	12	35	0.5% $KMnO_4$ 消毒 20min,45℃水浸种 48h
72	红椎 *Castanopsis hystrix*	沙	25	7	21	—
73	青钩栲（格氏栲）*C. kawakamii*	纸	25	7	21	—

（续）

序号	树种	发芽床	温度℃	初次计数,天	末次计数,天	发芽测定前的处理
74	木麻黄 *Casuarina equisetifolia*	纸	30	7	14	—
75	梓属 *Catalpa* spp.	纸	20～30	4	7	室温水浸 24h
76	麻楝 *Chukrasia tabularis*	纸	30	7	14	—
77	樟树 *Cinnamomum camphora*	纸	30	7	14	①15～20℃层积 30 天；②室温水浸种 10 天，去果皮；③ 19% H_2O_2 浸种 2h
78	肉桂 C. cassia	沙	30	7	21	—
79	降香黄檀 *Dalbergia odorifera*	纸	30	24	48	—
80	凤凰木 *Delonix regia*	沙	30	7	14	①始温 100℃水浸种 24h；②浓硫酸浸种 30min 后充分冲洗
81	君迁子 *Diospyros lotus*	沙	20～30	6	13	始温 45℃水浸种 24h
82	坡柳（车桑子）*Dodonaea viscosa*	纸	25	8	24	始温 70℃水浸种 2h
83	沙枣 *Elaeagnus angustifolia*	沙	25	14	21	①29% H_2O_2 浸种 15～20min；②始温 60℃水浸种 48h
84	翅果油树 *E. mollis*	纸	25	10	28	—
85	泡火绳 *Eriolaena malvacea*	纸	25	5	21	始温 70℃水浸种 24h
86	格木 *Erythrophleum fordii*	沙	30	7	15	①始温 100℃水浸种 24h；②清除种皮上的胶状物后浓硫酸浸 30min，充分冲洗

（续）

序号	树种	发芽床	温度℃	初次计数，天	末次计数，天	发芽测定前的处理
87	杜仲 *Eucommia ulmoides*	纸	25	14	21	①划去胚根一侧，浸24h；②5℃催芽40天
88	梧桐 *Firmiana simplex*	沙	20～30	11	24	水浸种24h后切破种皮
89	白蜡树 *Fraxinus chinensis*	纸	25	5	15	始温45℃水浸种21天，每天换水一次
90	皂荚 *Gleditsia sinensis*	纸	20～25	12	21	①浓硫酸浸1h，充分冲洗，温水浸48h；②始温90℃水浸种24h，余硬粒再处理1～2次
91	云南石梓 *Gmelina arborea*	纸	25～35	15	44	室温水浸种24h
92	银桦 *Grevillea robusta*	纸	25	14	28	始温45℃水浸种24h
93	梭梭 *Haloxylon ammodendron*	纸	25	3	10	—
94	白梭梭 *H. persicum*	纸	20	5	7	—
95	蒙古岩黄蓍（羊柴）*Hedysarum mongolicum*	纸	25	12	20	始温45℃水浸种24h，去掉外种皮
96	花棒（细枝岩黄蓍）*H. scoparium*	纸	25	14	21	始温45℃水浸种24h，去掉外种皮
97	沙棘 *Hippophae rhamnoides*	纸	25	10	19	始温45℃水浸种24h
98	红花天料木（母生）*Homalium hainanense*	纸	30	8	27	冷水浸种后湿润3天；
99	坡垒 *Hopea hainanensis*	纸	30	5	10	剥去翅状萼片
100	核桃 *Juglans rigia*	纸	25	12	18	室温浸水4h，夹裂核壳，埋入沙中

（续）

序号	树种	发芽床	温度 ℃	初次计数，天	末次计数，天	发芽测定前的处理
101	非洲桃花心木 *Khaya senegalensis*	沙	20～30	10	28	室温水浸种24h
102	紫薇 *Lagerstroemia indica*	纸	20～30	4	11	—
103	胡枝子 *Lespedeza bicolor*	纸	20～25	3	5	去掉果皮后擦破种皮，水浸24h
104	枫香 *Liquidambar formosana*	纸	25	10	21	—
105	鹅掌楸 *Liriodendron chinense*	纸	25	14	28	1～12℃层积90天
106	北美鹅掌楸 *L. tulipifera*	纸	20～30	7	28	3～5℃层积60天
107	金银花（忍冬）*Lonicera japonica*	纸	20～30	4	11	始温45℃水浸种72h后再置1～5℃条件下层积14天
108	金银忍冬 *L. maackii*	纸	20～30	17	28	始温45℃水浸种48h
109	枸杞 *Lycium chinense*	纸	20	7	21	—
110	绿楠（海南木莲）*Manglietia hainanensis*	纸	25	5	46	25℃层积36天；切开法测定优良度
111	楝树 *Melia azedarach*	纸	25	10	21	剖开果核取出种子
112	川楝 *M. toosendan*	纸	25	10	21	剖开果核取出种子
113	醉香含笑（火力楠）*Michelia macclurei*	沙	25～30	7	21	2～17℃层积80天
114	桑树 *Morus alba*	纸	30	7	21	—
115	壳菜果（米老排）*Mytilaria laosensis*	沙	20～30	15	30	始温50℃水浸种24h

（续）

序号	树种	发芽床	温度℃	初次计数,天	末次计数,天	发芽测定前的处理
116	兰考泡桐 *Paulownia elongata*	纸	25～30	7	22	—
117	白花泡桐 *P. fortunei*	纸	25～30	9	14	—
118	毛泡桐 *P. tomentosa*	纸	25～30	7	22	—
119	黄波罗(黄檗) *Phellodendron amurense*	纸	20～30	9	30	1～5℃层积30天
120	毛竹 *Phyllostachys pubescens*	纸	25	14	28	—
121	黄连木 *Pistacia chinensis*	沙	20～30	14	28	1～5℃层积60天
122	二球悬铃木 *Platanus hispanica*	纸	20～25	5	10	—
123	杨属 *Populus* spp.	纸	20～25	7	14	—
124	梨属 *Pyrus* spp.	沙	20～30	7	28	3～5℃层积90～120天
125	枫杨 *Pterocarya stenoptera*	沙	30	10	21	1～5℃层积90天
126	葛藤 *Pueraria lobata*	纸	20～30	4	7	室温水浸种24h,剩下的硬粒反复用80℃水浸,每次1～2min,然后换常温水至24h
127	栎属 *Quercus* spp.	沙	25	14	28	—
128	火炬树 *Rhus typhina*	纸	25～30	7	14	①浓硫酸浸泡5min,充洗干净,再用室温水浸48h;②始温90℃水浸种48h

（续）

序号	树种	发芽床	温度 ℃	初次计数，天	末次计数，天	发芽测定前的处理
129	刺槐 *Robinia pseudoacacia*	纸	20~30	7	14	始温 85℃~90℃水浸种 24h，余硬粒再处理 1~2 次
130	蔷薇属 Rosa spp.	沙	20	35	70	3~5℃层积 365 天
131	旱柳 *Salix matsudana*	纸	20~30	7	12	—
132	乌桕 *Sapium sebiferum*	沙	25	6	21	4% NaOH 水溶液浸泡去蜡层后 1~5℃层积 30 天
133	檫木 *Sassafras tsumu*	纸	25	14	28	—
134	木荷 *Schima superba*	纸	20~30	17	35	—
135	箭竹 *Sinarundinaria nitida*	纸	20	9	12	—
136	槐树 *Sophora japonica*	纸	20~25	9	14	始温 85℃~90℃水浸种 24h，余硬粒再处理 1~2 次
137	花楸属 *Sorbus* spp.	沙	20~30	7	28	3~5℃层积 120 天
138	大叶桃花心木 *Swietenia macrophylla*	纸	30	7	21	始温水浸种 24h
139	乌墨（海南蒲桃）*Syzygium cumini*	纸	30	7	30	—
140	柚木 *Tectona grandis*	纸	25~35	25	40	烈日下暴晒 7 天，后将种子浸沤于石灰水内 7 天，然后水浸 2 天
141	鸡尖（海南榄仁树）*Terminalia hainanensis*	纸	30	20	35	露天（25℃~30℃）层积 8 天
142	大叶椴 *Tillia platyhyllos*	沙	20~30	7	28	3~5℃层积 180~270 天

（续）

序号	树种	发芽床	温度℃	初次计数,天	末次计数,天	发芽测定前的处理
143	香椿 *Toona sinensis*	纸	25	7	21	—
144	漆树 *Toxicodendron verniciflum*	沙	20～25	14	28	①1～5℃层积15～30天;②浓硫酸浸种30～40min充分洗净后1～5℃层积30天
145	棕榈 *Trachycarpus fortunei*	纸	25	14	21	5～10℃层积30天;
146	榔榆 *Ulmus parviflora*	纸	20～30;20	7	14	—
147	白榆 *Ulmus pumila*	纸	20～25	7	14	—
148	青梅 *Vatica astrotricha*	纸	30	5	10	剥去翅状萼片,不能浸种
149	荆条 *Vitex negundo* var. *heterophylla*	纸	25	5	18	—
150	大叶榉 *Zelkova schneideriana*	纸	20	14	21	1～5℃层积40天

引自GB2772－1999《林木种子检验规程》和1996年版《国际种子检验规程》。

附录 6 种子称量发芽测定技术条件表

序号	树种	发芽床	温度	初次计数(d)	末次计数(d)	每个重复的重量(g)	备注
1	重枝桦 *Betula pendula*	纸	20~30	7	21	0.10	4℃ 层积 21 天
2	赤桉 *Eucalyptus camaldulensis*	纸	30	3	14	0.10	
3	柠檬桉 *Eu. citriodora*	纸	25	5	14	0.50	
4	窿缘桉 *Eu. exserta*	纸	25	5	14	0.50	
5	蓝桉 *Eu. globulus*	纸	25	5	14	1.00	
6	葡萄桉 *Eu. botryoides*	纸	25	7	14	1.00	
7	直干蓝桉 *Eu. maidenii*	纸	25	5	14	0.50	
8	大叶桉 *Eu. robusta*	纸	20	7	14	0.25	
9	蜡皮桉 *Eu. rubida*	纸	25,35	7	14	0.25	
10	多枝桉 *Eu. viminalis*	纸	25	5	14	0.25	
11	细叶桉 *Eu. tereticormis*	纸	30	3	14	0.10	
12	红花天料木(母生) *Homalium hainanense*	纸	30	8	27	0.10	冷水浸种后湿润 3 天

附录 7　林木种子生活力四唑测定技术条件表

序号	树种	预处理	染色前的准备	染色条件	鉴定前的准备	有生活力种子的鉴定标准	备注
1	冷杉属 *Abies* spp.	温水浸 18h	① 切开两端，打开胚腔；② 在胚旁纵切	浓度 0.5 ~ 1.0%，温度 30 ~ 35℃，染色 18 ~ 24 h	① 纵切胚乳，使胚露出；②除去种皮	仅胚乳末端有少量表面坏死	
2	翠柏属 *Calocedrus* spp.	温水浸 18 h	先除去种子周围的构造，靠近胚纵切种皮和营养组织或切去种子顶端或切去种子一边	浓度 1.0%，温度 30 ~ 35℃，染色 18 ~ 24 h	剥去种皮和和残留营养组织或纵切种子，露出胚和活营养组织。	胚全部正常染色；或仅在不与胚腔相连的营养组织有小块的表面坏死	
3	雪松属 *Cedrus* spp.	先除种子基部或尖端，然后温水浸 18h	除去种皮，纵向切开种皮或靠近胚纵切种皮和营养组织，或切去种子顶端	浓度 1.0%，温度 30 ~ 35℃，染色 24 ~ 48 h	扯开切口（或纵切种子），露出胚和活营养组织。	胚全部正常染色；或活营养组织完全染色	
4	柳杉属 *Cryptomeria* spp.	温水浸 18 h	纵向切开种皮和胚乳或靠近胚纵向切开种子	浓度 1.0%，温度 30 ~ 35℃，染色 24 ~ 48h	扯开切口（或切去一片营养组织），使胚和活胚乳露出	胚全部正常染色；或活胚乳全部染色	
5	杉木 *Cunninghamia lanceolata*	温水浸 24h	剥去种皮	浓度 0.5 ~ 1.0%，温度 30 ~ 35℃，染色 4 ~ 5h		胚和胚乳全部正常染色	
6	银杏 *Ginkgo biloba*	温水浸 24h	取“胚方”	浓度 0.5 ~ 1.0%，温度 30 ~ 35℃，染色 15 ~ 20 h		仅 1/4 胚方子叶末端不染色	

（续）

序号	树种	预处理	染色前的准备	染色条件	鉴定前的准备	有生活力种子的鉴定标准	备注
7	落叶松属 *Larix* spp.	先切去种子基部，然后温水浸 18	纵切种子，（或靠近胚斜切种子，将顶端完全切开，或横向切去种子顶端	浓度 1.0%，温度 30 ~ 35℃，染色 24 ~ 48h	扯开切口（或将已切去顶端的种子再纵切），露出胚和活营养组织。	胚全部正常染色；或仅在不与胚相连的营养组织较小的坏死，而其他部分正常染色	
8	刺柏属 *Juniperus* spp.	温水浸 24h	①从末端去 1/4；②在胚旁纵切	①浓度 0.5 ~ 1.0%，温度 30 ~ 35℃，染色 4 h；②浓度 0.5 ~ 1.0%，温度 30 ~ 35℃，染色 24 h	①纵切，使胚与胚乳露出；②露出胚与胚乳	①胚和胚乳均染色，包括子叶；②胚和胚乳均染色，包括子叶	
9	云杉属 *Picea* spp.	先切去种子基部，然后温水浸 18h（或 20℃浸过夜）	纵向切开种子，（或靠近胚纵切种子或切去种子顶端）。	浓度 1.0%，温度 30 ~ 35℃，染色 24 ~ 48h	扯开切口（或纵切已切去顶端的种子），露出胚和活营养组织。	胚全部正常染色；或在不与胚相连的活营养组织有较小的坏死，而其余部分正常染色	
10	松属 *Pinus* spp.	温水浸 18h	①从两端横切，打开胚腔；②在胚旁纵切	①浓度 0.5 ~ 1.0%，温度 30 ~ 35℃，染色 18 ~ 24 h；②浓度 0.5 ~ 1.0%，温度 30 ~ 35℃，染色 12 ~ 18 h	①通过胚乳纵切，使胚露出除去种皮；②暴露出胚，除去种皮	胚和胚乳全部正常染色	种胚短于胚腔 1/3 者，为无生活力

（续）

序号	树种	预处理	染色前的准备	染色条件	鉴定前的准备	有生活力种子的鉴定标准	备注
11	华山松 *P. armandii*	温水浸24～48h	除去种皮	浓度0.5～1.0%，温度30～35℃，染色15～20 h	①纵切种子，使胚与胚乳露出；②剥出种仁	胚和胚乳全部正常染色	种胚短于胚腔1/3者，为无生活力
12	白皮松 *P. bungeana*	温水浸24～48h	除去种皮	浓度0.5～1.0%，温度30～35℃，染色20～24 h	①纵切种子，使胚与胚乳露出；②剥出种仁	胚和胚乳全部正常染色	种胚短于胚腔1/3者，为无生活力
13	湿地松 *P. elliottii*	温水浸24h	除去种皮	浓度0.5～1.0%，温度30～35℃，染色2～3h	①纵切种子，使胚与胚乳露出；②剥出种仁	胚和胚乳全部正常染色	种胚短于胚腔1/3者，为无生活力
14	思茅松 *P. kesiya* var. *langbianensis*	温水浸24h	除去种皮	浓度0.5～1.0%，温度30～35℃，染色2～3h	①纵切种子，使胚与胚乳露出；②剥出种仁	胚和胚乳全部正常染色	种胚短于胚腔1/3者，为无生活力
15	红松 *P. koraiensis*	温水浸48h	除去种皮	浓度0.5～1.0%，温度30～35℃，染色20～24h	①纵切种子，使胚与胚乳露出；②剥出种仁	胚和胚乳全部正常染色	种胚短于胚腔1/3者，为无生活力
16	油松 *P. tabulaeformis*	温水浸24h	除去种皮	浓度0.5～1.0%，温度30～35℃，染色3～4h	①纵切种子，使胚与胚乳露出；②剥出种仁	胚和胚乳全部正常染色	种胚短于胚腔1/3者，为无生活力
17	火炬松 *P. taeda*	温水浸24h	除去种皮	浓度0.5～1.0%，温度30～35℃，染色2～3h	①纵切种子，使胚与胚乳露出；②剥出种仁	胚和胚乳全部正常染色	种胚短于胚腔1/3者，为无生活力
18	黄山松 *P. taiwanensis*	温水浸24h	除去种皮	浓度0.5～1.0%，温度30～35℃，染色2～3h	①纵切种子，使胚与胚乳露出；②剥出种仁	胚和胚乳全部正常染色	种胚短于胚腔1/3者，为无生活力

（续）

序号	树种	预处理	染色前的准备	染色条件	鉴定前的准备	有生活力种子的鉴定标准	备注
19	云南松 *P. yunnanensis*	温水浸24h	除去种皮	浓度0.5～1.0%，温度30～35℃，染色2～3h	①纵切种子，使胚与胚乳露出；②剥出种仁	胚和胚乳全部正常染色	种胚短于胚腔1/3者，为无生活力
20	侧柏 *Platycladus orientalis*	温水浸24h	除去种皮	浓度0.5～1.0%，温度30～35℃，染色3～4h	①纵切种子，使胚与胚乳露出；②剥出种仁	胚和胚乳全部正常染色	种胚短于胚腔1/3者，为无生活力
21	圆柏 *Sabina chinensis*	温水浸48h	①从末端去1/4；②在胚旁纵切	浓度0.5～1.0%，温度30～35℃，染色15～20h	①纵切种子，使胚与胚乳露出；②露出胚和胚乳	胚和胚乳均染色，包括子叶	
22	落羽杉 *Taxodium distichum*	温水浸18h	①从两端横切去1/4，打开胚腔；②胚旁纵切	浓度0.5～1.0%，温度30～35℃，染色24～48h	①纵切胚乳，使胚露出；除去种皮使胚露出②除去种皮	胚和胚乳全部正常染色	
23	紫杉属 *Taxus* spp.	温水浸18h	①末端1mm横切（包括一小块胚乳）；②胚旁纵切	浓度0.5～1.0%，温度30～35℃，染色24～48h	纵切胚乳，使胚露	胚和胚乳全部正常染色	
24	榧树属 *Torreya* spp.	先在种子非要害部位弄破种皮，然后温水浸18 h	靠近胚斜向切开种子，将其顶端完全切开或切去种子顶端1/4～1/3	浓度0.5～1.0%，温度30～35℃，染色24～48h	扯开切口（或切去一片营养组织或纵切已切去顶端的种子），露出胚和活营养组织	胚全部正常染色，并且活营养组织完全染色	

（续）

序号	树种	预处理	染色前的准备	染色条件	鉴定前的准备	有生活力种子的鉴定标准	备注
25	铁杉属 *Tsuga* spp.	先除去种子基部，然后温水浸 18h（或在20℃下过夜）	纵向切开种子（或靠近胚纵向切开种子；或切去种子顶端）	浓度 0.5～1.0%，温度 30～35℃，染色 24～48h	扯开切口（或纵切已切去顶端的种子），露出胚和活营养组织	胚全部正常染色；或在不与胚相连的活营养组织有较小的坏死，而其余部分完全染色	
26	相思子属 *Abrus* spp.	在种子非要害部位锉破或擦破种皮，再温水浸 18 h	纵向切开种子上部半粒种皮或靠近胚（轴）斜切种子，顶端完全切开，或切去种子顶端小块子叶	浓度 0.5～1.0%，温度 30～35℃，染色 18～20h	剥去种皮（或纵切种子），露出胚	胚全部正常染色，仅胚根尖 1/2 不染色；或子叶顶端 1/2 和胚根相对侧边不染色，其余部分染色。	
27	茶条槭 *Acer ginnala*	① 温水浸 18h；②3～5℃预冷冻 10～14 天	从翅果末端将果实切去 1/6	浓度 0.5～1.0%，温度 30～35℃，染色 24～48h	从果皮和种皮中取出胚	仅胚根尖端、子叶末端小面积坏死	
28	鸡爪槭 *A. palmatum*	① 温水浸 18h；②3～5℃预冷冻 10～14 天	除两果的连接部位外，沿另三边切开果皮	浓度 0.5～1.0%，温度 30～35℃，染色 24h	从果皮和种皮中取出胚	仅胚根尖端、子叶末端小面积坏死	
29	臭椿属 *Ailanthus* spp.	温水浸 18h	纵向切开种皮	浓度 1.0%，温度 30～35℃，染色 18～24h	透过半透明种皮直接观察或除去种皮后观察，或纵切种子，露出胚的主要构造再观察。	胚全部正常染色，仅胚根尖端 1/3 不染色；或仅子叶顶端 1/3 不染色或子叶侧边总面积的 1/3 不染色。	

（续）

序号	树种	预处理	染色前的准备	染色条件	鉴定前的准备	有生活力种子的鉴定标准	备注
30	楹树 *Albizia chinensis*	98%浓硫酸蚀20min后充分冲洗，再冷水浸24h	剥去种皮	浓度0.5～1.0%，温度30～35℃，染色2～3h		仅1/4子叶末端不染色	
31	黑格 *A. odoratissima*	98%浓硫酸蚀20min后充分冲洗，再冷水浸24h	剥去种皮	浓度0.5～1.0%，温度30～35℃，染色2～3h		仅1/4子叶末端不染色	
32	白格 *A. procera*	98%浓硫酸蚀20min后冲洗，再冷水浸24h	剥去种皮	浓度0.5～1.0%，温度30～35℃，染色2～3h		仅1/4子叶末端不染色	
33	桤木属 *Alnus* spp.	先除去带果翅的果皮，然后温浸水18h	纵向切开上部种皮或靠近胚斜切种子，顶端完全切开或横向切去种子顶端	浓度0.5～1.0%，温度30～35℃，染色18～24h	剥去种皮或再纵向切开种子，露出胚	胚全部正常染色，仅胚根顶端不染色；或子叶顶端表面1/2不染色	
34	紫穗槐属 *Amorpha* spp.	先在种子非要害部位弄破种皮，然后温水浸18h	纵向切开种皮或纵向切开种子上半粒种皮，或去掉种子顶端小块子叶	浓度1.0%，温度30～35℃，染色18～24h	剥去种皮或纵向切开种子，露出胚	胚全部正常染色，仅胚根顶端1/2不染色；或子叶顶端表面1/2和胚根相对侧边不染色	

（续）

序号	树种	预处理	染色前的准备	染色条件	鉴定前的准备	有生活力种子的鉴定标准	备注
35	羊蹄甲属 *Bauhinia* spp	先在种子非要害部位弄破种皮，然后温水浸18h	纵向切开种皮或纵向切开种子上半粒种皮，或切去种子顶端	浓度1.0%，温度30～35℃，染色6～24h	剥去种皮（或纵切种子），露出胚。	胚全部正常染色，仅胚根尖端1/2不染色；或子叶顶端1/2不染色	
36	小檗属 *Berberis* spp.	温水浸18h	切去种子一边或背部一片，包括切去一薄层胚。	浓度1.0%，温度30～35℃，染色24～48h	扯开营养组织，或纵切种子，使胚和活的营养组织露出。	胚全部正常染色；或活的营养组织完全染色。	
37	桦木属 *Betula* spp.	温水浸18h	纵向切开上半粒种皮或靠近胚斜切种子，或切去种子顶端	浓度1.0%，温度30～35℃，染色18～24h	剥去种皮（或纵切种子），露出胚。	胚全部正常染色，仅胚根尖端不染色或仅子叶顶端表面1/2不染色。	
38	夏蜡梅属 *Calycanthus* spp.	温水浸18 h	纵向切开种皮或除去胚周围的构造，露出胚。	浓度1.0%，温度30～35℃，染色18～24h	剥去种皮和残留营养组织或纵切种子，露出胚。	胚全部正常染色，仅胚根尖端1/3不染色，或子叶顶端1/3不染色	
39	山茶属 *Camellia* spp	温水浸18 h	纵向切开种皮或靠近胚斜切种子，并完全切开顶端；或切去种子基部。	浓度1.0%，温度30～35℃，染色18～24h	剥去种皮或纵切种子，露出胚。	胚全部正常染色	

（续）

序号	树种	预处理	染色前的准备	染色条件	鉴定前的准备	有生活力种子的鉴定标准	备注
40	锦鸡儿属 *Caragana* spp.	先在种子非要害部位弄破种皮，然后温水浸 18h	纵向切开种皮或纵向切开上半粒种皮，或切去种子顶端	浓度 1.0%，温度 30 ~ 35℃，染色 6 ~24h	剥去种皮或扯开切口或纵切种子，露出胚。	胚全部正常染色，仅胚根尖端 1/3 或仅子叶顶端 1/3 或胚根相对一边 1/3 不染色	
41	鹅耳枥属 *Carpinus* spp.	温水浸 18h	从末端去 1/3	浓度 0.5 ~ 1.0%，温度 30 ~ 35℃，染色 10 ~24h	除去种皮，使胚露出	胚全部正常染色	吸水前切割，可改善染色效果
42	山核桃属 *Carya* spp.	先除去种子周围的构造，并弄破种皮，然后温水浸 18h	剥去种皮，或削去一片胚组织而保持胚的主要部分。	浓度 1.0%，温度 30 ~ 35℃，染色 18 ~24h	直接观察胚的主要构造。	胚全部正常染色，仅胚根尖端 1/3 或仅子叶顶端 1/3 或子叶侧边总面积 1/3 不染色	
43	决明属 *Cassia* spp.	先在种子非要害部位弄破种皮，然后温水浸 18h	纵向切开种皮或纵向切开上半粒种子，或切去种子顶端	浓度 1.0%，温度 30 ~ 35℃，染色 6 ~24h	剥去种皮或扯开切口或纵切种子，使胚和子叶露出。	胚全部正常染色，仅胚根尖端 1/2 或子叶顶端 1/2 或胚根相对边缘不染色	
44	板栗 *Castanea mollissima*	温水浸 48h	取"胚方"	浓度 0.5 ~ 1.0%，温度 30 ~ 35℃，染色 3 ~4h		仅 1/4 胚方子叶末端不染色	

（续）

序号	树种	预处理	染色前的准备	染色条件	鉴定前的准备	有生活力种子的鉴定标准	备注
45	栲树属 *Castanopsis*spp.	先除去硬而坚韧的外皮，并切开内部皮层，然后温水浸18h	靠近胚斜切种子，并将上端完全切开或切去一片子叶，将附着胚中轴的另一片子叶作测定用	浓度1.0%，温度30～35℃，染色24～48h	剥去种皮，露出胚。	胚全部正常染色，仅胚根尖端1/3或子叶顶端内外表面1/2不染色	可用软布揩擦或用硫酸钾铝溶液处理，以防种子滑溜
46	梓树属 *Catalpa* spp.	温水浸18h	纵向切开上半粒种子或靠近胚斜切种子，并将顶端完全切开或切去种子顶端	浓度1.0%，温度30～35℃，染色6～24h	剥去种皮或将仅切去种子顶端的种子纵向切开，露出胚。	胚全部正常染色，仅胚根尖端1/3或子叶顶端1/3或侧边总面积1/3不染色	
47	朴属 *Celtis* spp.	先切去种子顶端，然后温水浸18 h	靠近胚斜切种子，将顶端完全切开或除去胚周围的构造，或切去种子背部一薄片，露出胚的轮廓	浓度1.0%，温度30～35℃，染色18～24h	扯开切口，露出胚。	胚全部正常染色，仅胚根尖端或子叶顶端表面1/2不染色	
48	紫荆属 *Cercis* spp.	先用硫酸钾铝溶液处理，然后温水浸18 h	纵向切开种皮或纵向切开上半粒种子，或横向切去种子顶端	浓度1.0%，温度30～35℃，染色6～24h	剥去种皮（或扯开、切开或纵切种子），使胚和子叶露出。	胚全部正常染色，仅胚根尖端1/2或子叶顶端1/2或胚根相对侧边不染色	
49	柑橘属 *Citrus* spp.	温水浸18 h	先用软布揩干种皮，除去硬化外壳，并切破种皮，除去胚周围的构造	浓度1.0%，温度30～35℃，染色6～24h	沿胚轴纵切种子成两半，露出胚的主要构造进行观察。	胚全部正常染色，仅胚根尖端1/3或仅子叶浅表面不染色	

（续）

序号	树种	预处理	染色前的准备	染色条件	鉴定前的准备	有生活力种子的鉴定标准	备注
50	榛属 *Corylus* spp.	打开坚果，温水浸18h	切去子叶末端1～2mm，沿子叶之间劈开，不应切开成片	①浓度1.0%，温度30～35℃，染色12～15h；②浓度0.5%，温度30～35℃，染色18～24h	分开子叶，特别应沿不会染色部分切开	胚根尖端，子叶末端表面坏死不大于子叶腹面直径的1/3	
51	梾木属 *Cornus* spp.	切去种子顶端1/4～1/3，然后温水浸18h	纵切种子，露出胚。	浓度1.0%，温度30～35℃，染色48h	剥去种皮和残留营养组织，露出胚和活的营养组织。	胚全部良好、均匀染色，并且组织坚实	
52	黄栌属 *Cotinus* spp.	先弄破种皮，然后温水浸18 h	先除去硬韧的外皮，并切开内皮层，然后从侧面纵向切开种皮或切去种子顶端	浓度1.0%，温度30～35℃，染色16～24h	剥去种皮，（或纵切种子），露出胚。	胚全部正常染色，仅胚根尖端1/3或子叶顶端1/3或子叶侧边总面积的1/3不染色	可用软布揩种皮或用硫酸钾铝溶液处理，以防种子滑溜
53	山楂属 *Crataegus* spp.	温水浸18h	从末端切去1/3	浓度0.5～1.0%，温度30～35℃，染色10～24h	取出胚	仅胚根尖端，1/3子叶顶端部分（如在表面部分则为1/②不染色	
54	黄檀属 *Dalbergia* spp.	先在种子非要害部位弄破种皮，然后温水浸18 h	纵向切开种皮（或纵向切开种子上半粒；或切去种子顶端）。	浓度1.0%，温度30～35℃，染色6～24h	剥去种皮，（或将已切去顶端的种子再纵切），露出胚。	胚全部正常染色，仅胚根尖端1/2或子叶顶端1/2或子叶的胚根相对一边不染色	

（续）

序号	树种	预处理	染色前的准备	染色条件	鉴定前的准备	有生活力种子的鉴定标准	备注
55	胡颓子属 *Elaeagnus* spp.	温水浸18h	①沿胚边纵切；②切去两端，打开种腔	浓度0.5～1.0%，温度30～35℃，染色18～24h	沿胚乳纵切露出种胚；去种皮，露出种胚	仅胚根尖端，1/3子叶顶端部分（如在表面部分则为1/②不染色	
56	桉树属 *Eucalyptus* spp.	温水浸18h	纵向切开种皮或纵向切开种子上半粒；或靠近胚斜向切开种子	浓度1.0%，温度30～35℃，染色18～24h	扯开切口，露出胚	胚全部正常染色，仅胚根尖端1/3或仅子叶顶端1/3不染色，或子叶侧边总面积1/3不染色	
57	卫矛属 *Euonymus* spp.	温水浸18h	①从顶端横切1/3；②将胚乳纵切成两片，打开胚腔	浓度0.5～1.0%，温度30～35℃，染色24～48h	纵切胚乳，露出种胚	胚和胚乳全部正常染色	
58	山毛榉属 *Fagus* spp.	先除硬韧的果皮，并切入种子内部皮层，然后温水浸18h	靠近胚斜向切开种子，并将顶端完全切开（或切去 片子叶，将附着胚中轴的另一片子叶作染色测定用	浓度1.0%，温度30～35℃，染色24h	扯开切口，露出胚	胚全部正常染色，仅胚根尖端1/3或仅子叶顶端1/2不染色，或子叶基部1/2孤立坏死。	
59	榕属 *Ficus* spp.	温水浸18h	沿种子腹背之间切开种子（或沿胚根与子叶之间横向切开半粒种子或切去种子顶端	浓度1.0%，温度30～35℃，染色24～48h	扯开切口（或纵切已切去顶端的种子），使胚和活营养组织露出	胚全部正常染色；或活营养组织和胚全部染色	

（续）

序号	树种	预处理	染色前的准备	染色条件	鉴定前的准备	有生活力种子的鉴定标准	备注
60	白蜡树 *Fraxinus chinensis*	除去果皮及翅，温水浸48h	避开胚中轴纵切种子，取出胚	浓度0.5～1.0%，温度30～35℃，染色30h	纵切种子	仅1/4顶端部分不染色	
61	水曲柳 *F. mandshurica*	除去果皮及翅，温水浸48h	避开胚中轴纵切种子，取出胚	浓度0.5～1.0%，温度30～35℃，染色20～30h	纵切种子	仅1/4顶端部分不染色	
62	皂荚属 *Gleditsia* spp.	先在种子非重要部位弄破种皮，然后温水浸18 h	纵向切开种子（或纵向切开上半粒种子或横向切去种子顶端）。	浓度1.0%，温度30～35℃，染色6～24h	剥去种皮和残留营养组织（或将已切去顶端的种子再纵切），露出胚和活的营养组织。	胚全部正常染色，仅胚根尖端1/2或仅子叶顶端1/2和胚根相对子叶侧边不染色	
63	银桦属 *Grevillea* spp.	温水浸18 h	纵向切开种子（或纵向切开上半粒种子或切去种子顶端）。	浓度1.0%，温度30～35℃，染色18～24h	扯开切口（或纵切已切去顶端的种子），使胚露出。	胚全部正常染色，仅胚根尖端1/2或子叶顶端1/2或子叶顶端1/3弥漫状不染色	
64	金缕梅属 *Hamamelis* spp.	先切去种子顶端，然后温水浸18 h	剥去种皮，（或纵向切开种子上半粒，或靠近胚斜向切开种子，顶端需完全切开）。	浓度1.0%，温度30～35℃，染色16～24h	扯开纵切上半粒的切口，露出胚和活营养组织。	胚全部正常染色，仅胚根尖端1/3或子叶顶端1/3或子叶侧边总面积的1/3不染色的，或营养组织完全染色	

（续）

序号	树种	预处理	染色前的准备	染色条件	鉴定前的准备	有生活力种子的鉴定标准	备注
65	沙棘属 *Hippophae* spp.	温水浸18 h	靠近胚纵向切开种皮（或切去种子顶端1/4～1/3）	浓度1.0%，温度30～35℃，染色24h	扯开切口（或将已切去顶端的种子再纵切），露出胚。	胚全部正常染色，仅胚根尖端1/2或仅子叶顶端1/3或子叶侧边总面积的1/3不染色	
66	冬青属 *Ilex* spp.	温水浸18 h	横向切去种子顶端2/3～3/4（或切去种子一边或背面一薄片）。	浓度1.0%，温度30～35℃，染色24～48h	纵切种子（或扯开切口），露出胚和活的营养组织。	胚全部正常染色；或活营养组织全部染色。	
67	核桃 *Juglans regia*	冷水浸48h	取“胚方”	浓度0.5～1.0%，温度30～35℃，染色3～4h		仅1/4胚方子叶末端不染色	
68	栾树属 *Koelreuteria* spp.	先用刀具弄破种皮，然后温水浸18 h	切去种子顶端1/4～1/3	浓度1.0%，温度30～35℃，染色18～24h	纵切种子，扯开切口，露出胚。	胚全部正常染色，仅胚根尖端1/3或子叶浅表面不染色	
69	银合欢 *Leucaena glauca*	98%浓硫酸蚀20min后充分冲洗，再冷水浸24h	剥去种皮	浓度0.5～1.0%，温度30～35℃，染色2～3h		仅1/4子叶末端不染色	
70	女贞属 *Ligustrum* spp.	温水浸18h	①从末端1/4横切；②沿两边各纵切去一半	浓度0.5～1.0%，温度30～35℃，染色18～24h	①纵切通过胚和胚乳；②除去种皮	胚和胚乳全部正常染色	

（续）

序号	树种	预处理	染色前的准备	染色条件	鉴定前的准备	有生活力种子的鉴定标准	备注
71	鹅掌楸属 *Liriodendron* spp.	温水浸18h	①从果翅末端对面横切一片果皮和胚乳；②纵切胚乳	浓度0.5～1.0%，温度30～35℃，染色24～48h	纵切，使胚和胚乳露出	无，包括胚乳	
72	枫香属 *Liquidambar* spp.	温水浸18h	纵向切开上半粒种子（或靠近胚斜向切开种子，并将顶端完全切开或切去种子顶端）。	浓度1.0%，温度30～35℃，染色16～24h	扯开切口（或将已切去顶端的种子再纵切），露出胚和活营养组织	胚全部正常染色，仅胚根尖端1/3或仅子叶顶端1/3或子叶侧面总面积的1/3不染色	
73	忍冬属 *Lonicera* spp.	先在种子非要害部位弄破种皮，然后温水浸18h	靠近胚斜向切开种子，并将顶端完全切开（或靠近胚横向切去上半粒种子；或切去种子顶端2/3～3/4）。	浓度1.0%，温度30～35℃，染色24～48h	扯开切口（或将已切去顶端的种子再纵切），露出胚和活营养组织	胚全部正常染色；或活营养组织全部染色	
74	枸杞属 *Lycium* spp.	温水浸18h	在靠近胚旁针刺（或在种子背腹之间切开或朝胚根与子叶尖纵向切种子	浓度1.0%，温度30～35℃，染色6～24h	扯开切口（或纵向切开全部种子），露出胚和活营养组织。	胚全部正常染色；或活营养组织完全染色	
75	木兰属 *Magnolia* spp.	在种子非重要部位弄破种皮，然后温水浸18h	从胚根和子叶尖开始切，纵向切开种子的大部分。	浓度1.0%，温度30～35℃，染色24～48h	扯开切口，露出胚和活营养组织。	胚全部正常染色；或仅在不与胚相连的活营养组织有较小的坏死，其他部分全部染色	

（续）

序号	树种	预处理	染色前的准备	染色条件	鉴定前的准备	有生活力种子的鉴定标准	备注
76	苹果属 *Malus* spp.	温水浸18h	从末端切去1/3	浓度0.5～1.0%，温度30～35℃，染色20～24h	取出种胚	仅胚根尖端，1/3子叶顶端部分（如在表面则为1/②不染色	
77	山荆子 *M. baccata*	温水浸24～48h	从末端切去1/3，剥种仁	浓度0.5～1.0%，温度30～35℃，染色20h	取出种胚	仅胚根尖端，1/3子叶顶端部分（如在表面则为1/②不染色	
78	桑属 *Morus* spp.	温水浸18h	从腹背之间切开种子（或切去种子一边或背面一薄片组织）。	浓度1.0%，温度30～35℃，染色24～48h	扯开切口（或纵切种子），露出胚和活营养组织	胚全部正常染色，仅胚根尖端1/3或仅子叶顶端1/3或子叶侧边总面积的1/3不染色	
79	杨梅属 *Myrica* spp.	温水浸18h	绕切开一半种皮（纵向切开上半粒种子）。	浓度1.0%，温度30～35℃，染色18～24h	扯开切口（或再纵切整个种子），露出胚	胚全部正常染色	
80	木犀属 *Osmanthus* spp.	温水浸18h	从皱纹处开始纵切种子，但不要全部切开（或纵向切开种子上半粒；或切去种子顶端）。	浓度1.0%，温度30～35℃，染色18～24h	扯开切口（或纵切已切去顶端种子），露出胚和活营养组织	胚全部正常染色；或在不与胚相连的活营养组织有较小的坏死，而其余部分全部染色	

(续)

序号	树种	预处理	染色前的准备	染色条件	鉴定前的准备	有生活力种子的鉴定标准	备注
81	黄波罗(黄檗) *Phellodendron amurense*	温水浸24h	除去种皮	浓度0.2%,温度30~35℃,染色2~3h	①纵切种子使胚和胚乳露出;②剥出种仁	胚和胚乳全部正常染色	
82	石楠属 *Photinia* spp.	温水浸18h	纵向切开上半粒种子,或靠近胚斜向切开种子,或并将其顶端完全切开;或除去胚周围的构造	浓度1.0%,温度30~35℃,染色18~24h	剥去种皮,(或纵切整粒种子),露出胚	胚全部正常染色,仅胚根尖端1/3或仅子叶顶端表面1/2或子叶顶端1/3弥漫状不染色	
83	悬铃木属 *Platanus* spp.	温水浸18h	将种子上半粒纵向切开;或靠近胚斜向切开种子;或切去种子顶端	浓度1.0%,温度30~35℃,染色18~24h	扯开切口(或纵切已切去顶端的种子),露出胚	胚全部正常染色,仅胚根尖端或仅子叶顶端1/3或子叶侧边总面积的1/3不染色	
84	枳属 *Poncirus* spp.	温水浸18h	先用软布或纸揩干种皮,并除去硬韧的种皮,切入内部皮层,然后除去胚周围的构造	浓度1.0%,温度30~35℃,染色6~24h	沿胚轴纵向切开,露出胚的主要构造	胚全部正常染色,仅胚根尖端1/3或仅子叶浅表面不染色	
85	李属 *Prunus* spp.	打开核取出种子,温水浸18	除去种皮,浸水,每小时换水一次,至少浸5h	浓度0.5%~1.0%,温度30~35℃,染色4~12h	将子叶展开	仅胚根尖端,或1/3子叶顶端部分不染色	

（续）

序号	树种	预处理	染色前的准备	染色条件	鉴定前的准备	有生活力种子的鉴定标准	备注
86	山杏 *P. armeniaca* var. *ansu*	打开核取出种子，温水浸18h	除去种皮，浸水，每小时换水一次，至少浸5h	浓度0.5%～1.0%，温度30～35℃，染色3～4h	将子叶展开	仅胚根尖端，或1/3子叶顶端部分不染色	
87	山桃 *P. davidiana*	打开核取出种子，温水浸18h	除去种皮，浸水，每小时换水一次，至少浸5h	浓度0.5%～1.0%，温度30～35℃，染色3～4h	将子叶展开	仅胚根尖端，或1/3子叶顶端部分不染色	
88	枫杨属 *Pterocarya* spp.	先用工具弄破种皮，然后温水浸18h	先剥去种皮，将胚划出几个口子。	浓度1.0%，温度30～35℃，染色16～24h	鉴定时观察胚的主要构造。	胚全部正常染色，仅胚根尖端或仅子叶顶端1/3或子叶侧边总面积的1/3不染色	
89	石榴属 *Punica* spp.	温水浸18h	绕切开一半种皮（或切去种子顶端1/4～1/3；或切去种子一边或背面一薄层）。	浓度1.0%，温度30～35℃，染色24～48h	剥去种皮（或纵切已切去顶端的种子），露出胚。	胚全部正常染色，仅胚根尖端1/3或仅子叶顶端1/3或子叶侧边总面积的1/3不染色	
90	火棘属 *Pyracantha* spp.	温水浸18h	纵向切开上半粒种子，（或靠近胚斜向切开种子并将其顶端完全切开；或除去胚周围的构造）	浓度1.0%，温度30～35℃，染色24～48h	扯开切口，露出胚。	胚全部正常染色，仅胚根尖端1/3或仅子叶顶端表面1/2或子叶顶端1/3弥漫状不染色	

（续）

序号	树种	预处理	染色前的准备	染色条件	鉴定前的准备	有生活力种子的鉴定标准	备注
91	梨属 *Pyrus* spp.	温水浸18h	从末端切去1/3	浓度0.5～1.0%，温度30～35℃，染色16～24h	使胚露出	仅胚根尖端，或1/3子叶顶端部分不染色	
92	栎属 *Quercus* spp.	先除去硬韧的外皮，并割破内皮，然后温水浸18h	靠近胚纵向切开种子，并将其顶端完全切开（或切去一片子叶，将附着胚中轴的另一片子叶作染色测定用）。	浓度1.0%，温度30～35℃，染色24～48h	扯开切口（或沿胚轴纵向切开，分成两半），露出胚	胚全部正常染色，仅胚根尖端1/3不染色，或仅子叶内表面的坏死斑块不超过其半径	用软布揩干种皮或用硫酸钾铝硬化剂处理，以防种子滑溜
93	鼠李属 *Rhamnus* spp.	温水浸18h	先除去硬韧的外皮，并切破内皮，然后纵向切开上半粒种子，再扯开胚周围的胚乳。	浓度1.0%，温度30～35℃，染色18～24h	扯开切口，露出胚	胚全部正常染色，仅胚根尖端1/3或仅子叶顶端1/3或子叶侧边总面积的1/3不染色	
94	盐肤木属 *Rhus* spp.	先在种子非要害部位弄破种皮，然后温水浸18h	先除去硬韧的外皮，并切入内皮，然后侧面纵切种子（或切去种子顶端）。	浓度1.0%，温度30～35℃，染色18～24h	除去种皮和残留营养组织（或再纵切已切去顶端的种子），露出胚	胚全部正常染色，仅胚根尖端或仅子叶顶端1/3或子叶侧边总面积的1/3不染色	用软布揩干种皮或用硫酸钾铝硬化剂处理以防种子滑溜
95	刺槐 *Robinia pseudoacacia*	用始温80℃水浸24h	除去种皮	浓度0.5%～1.0%，温度30～35℃，染色2～3h		仅1/4子叶末端不染色	

（续）

序号	树种	预处理	染色前的准备	染色条件	鉴定前的准备	有生活力种子的鉴定标准	备注
96	蔷薇属 *Rosa* spp.	温水浸18h	从末端切去1/3	浓度0.5%～1.0%，温度30～35℃，染色16～24h	使胚露出	仅胚根尖端部分，或1/3子叶顶端部分不染色	
97	悬钩子属 *Rubus* spp.	温水浸18h	纵向切开上半粒种子（或靠近胚斜向切开种子，并将其顶端完全切开；或切去种子顶端1/4～1/3）	浓度1.0%，温度30～35℃，染色18～24h	扯开切口（或纵切已切去顶端的种子），露出胚	胚全部正常染色，仅胚根尖端1/3或仅子叶顶端表面1/2或子叶顶端1/3弥漫状不染色	
98	接骨木属 *Sambucus* spp.	先在种子非重要部位弄破种皮，然后温水浸18h	纵向切开种子上半粒并扯开周围的胚乳（或靠近胚斜向切开种子；或切去种子顶端）。	浓度1.0%，温度30～35℃，染色24～48h	扯开切口（或纵切已切去顶端的种子），露出胚和活营养组织	胚全部正常染色，并且活营养组织完全染色	
99	希蒙得木属 *Simmondsia* spp.	温水浸18h	切去种子顶端1/4～1/3。	浓度1.0%，温度30～35℃，染色24h	扯开切口，露出胚和活营养组织	胚全部正常染色；或在不与胚相连的活营养组织有较小的坏死，而其余部分全部染色	
100	槐属 *Sophora* spp.	先在种子非要害部位弄破种皮，然后温水浸18h	先用硫酸钾铝硬化剂处理，然后纵向切开种子上半粒（或侧面纵切种皮或切去种子顶端）。	浓度1.0%，温度30～35℃，染色6～24h	扯开切口（或纵切已切去顶端的种子），露出胚	胚全部正常染色，仅胚根尖端1/2或仅子叶顶端1/2或子叶胚根对面侧边不染色	

（续）

序号	树种	预处理	染色前的准备	染色条件	鉴定前的准备	有生活力种子的鉴定标准	备注
101	花楸属 *Sorbus* spp.	温水浸18h	从末端切去1/3	浓度0.5%～1.0%，温度30～35℃，染色18～24h	使胚露出	仅胚根尖端，或1/3子叶顶端部分不染色	
102	丁香花属 *Syringa* spp.	温水浸18h	纵向切开种子（或纵向切开种子上半粒；或切去种子一边或背部一薄层组织或纵向切去一小块营养组织或子叶）。	浓度1.0%，温度30～35℃，染色24～48h	扯开切口（或纵切已切去部分的种子），露出胚和活营养组织	胚全部正常染色；或在不与胚相连的活营养组织有较小的坏死，而其余部分正常染色	鉴定时应剥去营养组织，以便露出胚和活营养组织
103	椴属 *Tilia* spp.	除去果皮，温水浸18h	切去黑斑及一薄片胚乳	浓度0.5%～1.0%，温度30～35℃，染色24～48h	沿胚乳纵切，剥开外壳，轻轻挤压种子，使胚露出	胚和胚乳全部染色，或在胚乳的表面上有微小坏死	
104	榆属 *Ulmus* spp.	温水浸18h	靠近胚斜向切开种子（或切去种子一边或背部一层胚组织）。	浓度1.0%，温度30～35℃，染色24～48h	扯开切口（或纵切已切去一部分的种子），露出胚	胚全部正常染色，仅胚根尖端或仅子叶顶端表面1/2不染色	
105	鸡树条荚蒾 *Viburnum sargentii*	温水浸48h	剥去种皮，沿纵轴切取有胚的一半染色	浓度0.5～1.0%，温度30～35℃，染色6～9h	取出胚	胚和胚乳全部正常染色	
106	葡萄属 *Vitis* spp.	除去种子周围的构造，然后温水浸18h	切去胚外营养组织，露出胚的轮廓。	浓度1.0%，温度30～35℃，染色24～48h	切去一片营养组织，露出胚和活营养组织	胚全部正常染色，且活营养组织完全染色	

（续）

序号	树种	预处理	染色前的准备	染色条件	鉴定前的准备	有生活力种子的鉴定标准	备注
107	紫藤属 *Wisteria* spp.	温水浸18h	纵向切开种子上半粒（或侧面纵向切开切开种皮；或切去种子顶端）	浓度1.0%，温度30～35℃，染色18～24h	扯开切口（或切去一片营养组织或纵切已切去顶端的种子），露出胚	胚全部正常染色，仅胚根尖端1/2或仅子叶顶端1/2和胚根对面的侧边不染色	
108	文冠果 *Xanthoceras sorbifolia*	用浓硫酸浸种3h，再用温水浸48h	除去种皮	浓度0.5%～1.0%，温度30～35℃，染色8～10h		仅1/4子叶末端不染色	
109	榉树属 *Zelkova* spp.	温水浸18h	靠近胚斜向切开种子，并将其顶端完全切开或除去胚周围的构造；或切去种子一边	浓度1.0%，温度30～35℃，染色18～24h	扯开切口（或切去一薄层营养组织或纵切种子），露出胚	胚全部正常染色，仅胚根尖端或仅子叶顶端表面1/2不染色	

引自GB2772－1999《林木种子检验规程》和1996年版《国际种子检验规程》。

附录8 主要造林树种优良种子鉴别标准

顺序号	树种	优良种子
1	岷江冷杉 *Abies faxoniana*	种皮表面黑褐色,有光泽,富含松脂香味;胚乳乳白色,饱满,胚根淡清白色,子叶淡清绿色,新鲜。
2	杉松(沙松) *A. holophylla*	种粒饱满,胚乳、胚白色。
3	三尖杉 *Cephalotaxus fortunei*	胚乳饱满,白色或淡黄色。
4	柳杉 *Cryptomeria fortunei*	种子饱满;胚呈暗白色。
5	杉木 *Cunninghamia lanceolata*	种皮赤褐色,有光泽;种仁饱满,胚完好,胚根稍带粉红色,胚尖淡红色,胚乳白色、淡白色。
6	干香柏(冲天柏) *Cupressus duclouxiana*	胚乳外被黄褐色,内呈乳白色,先端褐黄色,胚白色,饱满,新鲜。
7	柏木 *C. funebris*	种仁黄白色,先端黄褐色,中部淡褐色,基部棕色。
8	银杏 *Ginkgo biloba*	胚乳饱满,表面浅黄色,切开后胚乳黄绿色,胚浅黄绿色。
9	杜松 *Juniperus rigida*	种皮棕白色;种仁饱满,胚、胚乳呈白色。
10	落叶松(兴安落叶松) *Larix gmelinii*	种子腹面褐色,背面浅褐色,有光泽,胚、胚乳乳白色,饱满,有弹性。
11	华北落叶松 *L. principis - rupprechtii*	种子腹面褐色,背面黄白色,有光泽;种仁饱满,胚乳尖端部分呈乳色,钝部白色,胚乳白色,有松脂香味,种仁切面平滑;浸种后种仁膨胀,质硬脆,胚乳乳白色,胚靠根尖部呈浅黄或淡黄绿色,其靠子叶部呈鲜白色;用84%的酒精浸种可快速测出饱满度。
12	白杆 *Picea meyeri*	种皮黑褐色或灰褐色,种粒饱满,胚、胚乳皆白色,有松脂香味;浸种后种仁膨胀,色鲜,质硬脆。
13	青杆 *P. wilsonii*	种皮黑褐色或灰褐色,种粒饱满,胚、胚乳皆白色,有松脂香味;浸种后种仁膨胀,色鲜,质硬脆。

（续）

顺序号	树种	优良种子
14	华山松 *Pinus armandii*	种仁饱满，有松脂香味，胚乳乳白色，胚白色，其两端呈微淡黄色或微淡黄绿色；浸种后种仁膨胀，胚乳白色，有鲜嫩感。
15	白皮松 *P. bungeana*	种仁饱满，有松脂香味，胚乳乳白色，胚白色，其两端呈微淡黄色或微淡黄绿色；浸种后种仁膨胀，胚乳白色，有鲜嫩感，胚根部微黄色或黄绿色，质硬脆。
16	赤松 *P. densiflora*	种皮赤褐色，胚、胚乳皆白色，有松脂香味，有弹性。
17	红松 *P. koraiensis*	种粒饱满，浅红棕色；胚、胚乳乳白色，饱满，有弹性，富松脂香味。
18	马尾松 *P. massoniana*	种皮黑褐、灰褐、灰棕或黄白色；温水浸种 20 ~ 24h，胚乳白色，胚黄或红色。
19	樟子松 *P. sylvestris* var. *mongolica*	种粒饱满，胚、胚乳白色，有弹性，具松脂香味。
20	油松 *P. tabulaeformis*	种皮黑褐色或灰褐色，有光泽；种仁饱满，胚乳白色，胚白色，其靠根部具微浅黄色，有松脂香味；浸种后种仁膨胀，质硬脆，胚乳、胚鲜白色，胚靠根尖部呈鲜淡黄色，或鲜淡黄绿色。
21	黄山松 *P. taiwanensis*	种粒饱满，种皮黑褐色或灰褐色；胚、胚乳白色，有松脂香味
22	黑松 *P. thunbergii*	种粒饱满，种皮黑褐色或灰褐色；胚、胚乳白色，有松脂香味
23	云南松 *P. yunnanensis*	胚乳乳白色，胚白色，饱满，新鲜。
24	侧柏 *Platycladus orientalis*	种粒饱满，种皮棕褐色，有光泽；胚白色，胚乳乳白色或黄白色；浸种后种仁膨胀，色鲜，质硬脆。
25	罗汉松 *Podocarpus macrophyllus*	胚乳白色，胚黄绿色或淡黄绿色。
26	竹柏 *P. nagi*	胚乳白色，胚黄绿色或淡黄绿色。
27	圆柏 *Sabina chinensis*	胚、胚乳白色，饱满，较软。
28	南方红豆杉 *Taxus mairei*	种粒饱满，种皮棕色，有光泽；胚、胚乳皆白色。

（续）

顺序号	树种	优良种子
29	儿茶 *Acacia catechu*	种子暗绿色，扁平，饱满，稍有光泽；子叶淡黄色，光滑，较硬，有弹性，远离胚根有少量白色凹陷部分种仁带青色。
30	青榨槭 *Acer davidii*	翅果橙棕色，饱满；子叶黄色或浅黄绿色，胚根较白。
31	茶条槭 *A. ginnala*	翅果橙棕色，饱满；子叶黄色或浅黄绿色，胚根较白。
32	五角枫 *A. mono*	翅果褐色，饱满；种仁嫩绿，饱满，有弹性。
33	地锦槭 *A. pictum*	翅果嫩绿，饱满；种仁嫩绿，饱满，有弹性。
34	元宝枫 *A. truncatum*	翅果橙棕色，饱满；子叶黄色或浅黄绿色，胚根白色。
35	海红豆 *Adenanthera pavonina*	种子鲜红色，有光泽；内种皮透明，无色，凝胶状，有弹性；胚淡黄色。
36	七叶树 *Aesculus chinensis*	胚浅黄色，湿润膨大，有油脂。
37	臭椿 *Ailanthus altissima*	翅果褐色，饱满，种皮黄白色，种仁浅黄色。
38	楹树 *Albizia chinensis*	种子青褐色；子叶淡黄色，较厚。
39	合欢 *A. julibrissin*	种子褐色，饱满，有光泽；子叶黄色不透明。
40	油桐 *Aeurites fordii*	内种皮纸质，粉白色，种仁饱满，有弹性，胚乳光滑，黄白色，子叶白色。
41	赤杨 *Alnus japonica*	种粒饱满，子叶白色，种仁乳白色，饱满。
42	辽东桤木（水冬瓜） *A. sibirica*	种仁乳白色，饱满。
43	紫穗槐 *Amorpha fruticosa*	荚赤褐色；种皮棕色或浅灰绿色；种仁鲜黄绿色，子叶和胚根均为淡黄色。
44	白花羊蹄甲 *Bauhinia acuminata*	种子黄色，饱满，有光泽；子叶黄白色。

（续）

顺序号	树种	优良种子
45	羊蹄甲 *B. purpurea*	内种皮透明;子叶黄色;较肥大,有皱纹。
46	黄芦木 *Berberis amurensis*	胚稍具黄绿色,胚乳乳白色,饱满而硬,切面光滑。
47	重阳木 *Bischofia javanica*	种子棕色或棕褐色,饱满;胚、胚乳均白色。
48	油茶 *Camellia oleifera*	内种皮紧贴子叶,子叶肥厚,乳黄色,饱满,有弹性。
49	喜树 *Camptotheca acuminata*	胚淡绿色,胚乳白色。
50	柠条锦鸡儿 *Caragana korshinskii*	种皮黄褐或栗褐色,光滑,子叶米黄色,种粒饱满均匀。
51	小叶锦鸡儿 *C. microphylla*	种粒饱满,种皮棕褐色或灰褐色,子叶淡黄色。
52	山核桃 *Carya cathayensis*	子叶饱满,乳白色,有油香味。
53	薄壳山核桃 *C. illinoensis*	子叶饱满,乳白色,有油香味。
54	铁刀木 *Cassia siamea*	种子红黑色,有光泽;子叶黄绿色,胚根白色,有弹性。
55	板栗 *Castanea mollissima*	种壳栗褐色至浓褐色,饱满,坚硬,表面光洁;子叶浅黄色,较硬,有弹性及清香味,内外均无异状,胚芽健全,无黑点;子叶上虽有暗棕色条文,但面积不超过1/4。
56	梓树 *Catalpa ovata*	种子灰色或灰棕色,饱满;子叶白色。
57	南蛇藤 *Celastrus orbiculatus*	胚浅白绿色,硬,胚乳粉白色。
58	麻楝 *Chukrasia tabularis*	胚、胚乳均白色,无病虫。
59	樟树 *Cinnamomum camphora*	胚、胚乳均白色,具樟油香味,油分多。

（续）

顺序号	树种	优良种子
60	灯台树 *Cornus controversa*	胚淡黄色，饱满。
61	毛梾 *C. walteri*	胚、胚乳均白色。
62	山楂 *Crataegus pinnatifida*	子叶乳白色，饱满，胚根白色。
63	青冈 *Cyclobalanopsis glauca*	种子暗褐色，具淡黄色绒毛，坚硬；子叶较硬，有弹性，浅灰黄色，种仁接触空气即呈深暗色。
64	黄檀 *Dalbergia hupeana*	种子黄褐色，饱满，有光泽；子叶淡黄色。
65	降香黄檀 *D. odorifera*	种子红褐色，薄，饱满，有光泽；子叶鲜红色。
66	凤凰木 *Delonix regia*	胚淡黄色，胚乳灰白，坚硬，饱满。
67	君迁子 *Diospyros lotus*	种粒坚硬较厚；胚乳灰白色坚硬，胚白色。
68	猫尾树 *Dolichandrone caunda – felina*	子叶、胚根、胚芽均白色，健壮，或子叶离开胚根部的边缘带有黑色斑点，子叶较硬，有弹性。
69	沙枣 *Elaeagnus angustifolia*	种粒饱满，肉质；子叶白色，有光泽；剖面淡黄色或近于白色。
70	青皮象耳豆 *Enterolobium contortisiliquum*	种子黑红色，饱满，有光泽；子叶淡黄色。
71	杜仲 *Eucommia ulmoides*	种子淡栗色，饱满，有光泽；胚乳完整，有弹性，胚白色。
72	卫矛 *Euonymus alatus*	胚完整，新鲜，浅黄色或黄绿色，胚乳白色。
73	水青冈 *Fagus longipetiolata*	子叶、胚根均白色，饱满，有光泽。
74	梧桐 *Firmiana simplex*	种粒饱满，略有香味；胚乳白色，新鲜，无味或有香味，胚黄色。
75	连翘 *Forsythia suspensa*	种皮棕黄、微红，种仁白色，饱满。

（续）

顺序号	树种	优良种子
76	美国白蜡树 *Fraxinus americana*	胚白色或淡白色，有弹性，胚乳乳白色或淡蓝色，较硬。
77	水曲柳 *F. mandshurica*	胚白色或淡白色，有弹性，胚乳乳白色或淡蓝色，较硬。
78	花曲柳 *F. rhynchophylla*	胚白色或淡白色，有弹性，胚乳乳白色或淡蓝色，较硬。
79	皂荚 *Gleditsia sinensis*	种子黄褐色；胚根、子叶浅黄色，饱满，子叶多展开。
80	蒙古岩黄蓍（羊柴） *Hedysarum mongolicum*	种粒饱满，种皮浅黄色；子叶较硬，黄色。
81	花棒（细枝岩黄蓍） *H. scoparium*	种皮黄色，皮上有少量绒毛，种粒饱满；子叶较硬，黄色。
82	沙棘 *Hippophae rhamnoides*	胚根浅黄色，子叶乳白色，饱满，有弹性。
83	冬青 *Ilex purpurea*	种子深褐色，饱满；胚乳乳白色，饱满。
84	核桃楸 *Juglans mandshurica*	内种皮淡黄色，有光泽；子叶淡黄白色，饱满，有弹性，具香味。
85	核桃 *J. rigia*	内种皮淡黄色，有光泽；子叶饱满，淡黄白色，有油香味。
86	栾树 *Koelreuteria paniculata*	子叶淡黄色；偶带绿色，饱满，有弹性。
87	胡枝子 *Lespedeza bicolor*	荚褐色，饱满；种仁黄白色，饱满。
88	女贞 *Ligustrum lucidum*	种粒饱满；胚、胚乳均白色。
89	枸杞 *Lycium chinense*	种粒饱满；胚、胚乳均白色。
90	仪花 *Lysidice rhodostegia*	浸种 2 日后，种皮变软，切开后子叶灰白色，无斑点。
91	玉兰 *Magnolia denudata*	种仁饱满，与壳同大，有油质，种仁尖端呈黄色，胚乳黄色，胚白色，油分多。

（续）

顺序号	树种	优良种子
92	厚朴 *M. officinalis*	种仁饱满，与壳同大，有油质，种仁尖端呈黄色，胚乳黄色，胚白色，油分多。
93	天女花 *M. sieboldii*	种子棕色或棕黄色，饱满；胚乳表面黄色，切开呈清白色，油分多。
94	山荆子 *Malus baccata*	种皮有光泽；子叶、胚白色，饱满；浸种后种仁白色，有新鲜感，质硬脆。
95	西府海棠 *M. micromalus*	种皮有光泽；子叶、胚白色，饱满；浸种后种仁白色，有新鲜感，质硬脆。
96	楝树 *Melia azedarach*	种粒饱满；胚根淡黄色，子叶白色，有光泽。
97	川楝 *M. toosendan*	种粒饱满；胚根淡黄色，子叶白色，有光泽。
98	壳菜果（米老排） *Mytilaria laosensis*	种仁白色，有带苦的油香味。
99	蓝果树 *Nyssa sinensis*	胚、胚乳均白色，完整。
100	木蝴蝶（千张纸） *Oroxylum indicum*	子叶黄色或淡黄色。
101	银珠 *Peltophorum tonkinense*	种子扁平，光滑；内种皮无色，透明，有弹性；子叶、胚根淡黄色。
102	黄波罗（黄檗） *Phellodendron amurense*	种子黑褐色，饱满，有光泽；胚、胚乳均白色，有弹性，或胚淡黄色。
103	桢楠 *Phoebe zhennan*	种仁饱满，胚、胚乳均白色。
104	紫楠 *Ph. sheareri*	种子黑褐色或灰黄色，有灰、黑条纹，有光泽；子叶淡黄色，较硬，有弹性。
105	石楠 *Photinia serrulata*	胚白色。
106	黄连木 *Pistacia chinensis*	子叶淡黄色或淡黄绿色，胚根白色。
107	小叶杨 *Populus simonii*	种粒饱满，子叶白色。

（续）

顺序号	树种	优良种子
108	山杏 *Prunus armeniaca var. ansu*	子叶乳白色，饱满，坚硬，胚根比子叶色白。
109	山桃 *P. davidiana*	子叶乳白色，饱满，较硬，有弹性。
110	紫檀 *Pterocarpus indicus*	种子灰黄色，有光泽；子叶米黄色，饱满。
111	枫杨 *Pterocarya stenoptera*	种子深褐色；种仁乳白色，饱满。
112	翻白叶树 *Pterospermum heterophyllum*	胚根、子叶白色。
113	杜梨 *Pyrus betulaefolia*	子叶乳白色，饱满，坚硬，有弹性，胚根白色。
114	麻栎 *Quercus acutissima*	种粒饱满，棕黄色，有光泽；子叶硬，有弹性，浅黄白色或带红色，胚芽、胚根正常，无虫害。
115	两广梭罗树 *Reevesia thyrsoidea*	种粒饱满，胚乳肥厚，胚白色或黄白色，子叶叶脉明显。
116	刺槐 *Robinia pseudoacacia*	种粒饱满，种皮黑褐色或棕褐色，有光泽；子叶、胚根均为淡黄色，发育正常。
117	乌桕 *Sapium sebiferum*	胚乳、胚根、子叶均为白色，新鲜，有弹性。
118	檫木 *Sassafras tsumu*	手捏硬、饱满；子叶饱满新鲜，剖面中部颜色较深，带油光，最外圈色淡，呈淡白色或绿色。
119	木荷 *Schima superba*	胚和胚乳白色。
120	硬核 *Scleropyrum wallichianum*	胚和胚乳白色。
121	仿栗 *Sloanea hemsleyana*	种壳褐色，有光泽；子叶淡黄色，饱满。
122	槐树 *Sophora japonica*	种粒饱满，子叶浅绿色，胚根黄色。
123	紫丁香 *Syringa oblata*	种粒饱满，子叶浅绿色，胚根黄色。

（续）

顺序号	树种	优良种子
124	厚皮香 *Ternstroemia gymnanthera*	胚白色。
125	紫椴 *Tilia amurensis*	种粒饱满,种皮深褐色;种仁淡黄白色,有弹性。
126	糠椴 *T. mandshurica*	种粒饱满,干种解剖时,胚黄色,胚乳黄白色;浸种后解剖,胚淡黄色,胚乳白色,子叶舒展。
127	香椿 *Toona sinensis*	种粒饱满,种仁淡黄白色。
128	棕榈 *Trachycarpus fortunei*	果皮蓝黑色,种皮黑褐色,饱满;胚乳白色,透明,胚黄白色。
129	石笔木 *Tutcheria spectabilis*	胚根黄白色,新鲜,饱满。
130	文冠果 *Xanthoceras sorbifolia*	种粒饱满,有光泽;胚白色。

引自 GB2772 – 1999《林木种子检验规程》

附录 9　林木种子生活力离体胚测定技术条件

序号	树种	预处理	培养条件[1]	培养时间[2]	有生活力的胚
1	冷杉 *Abies fabric*	将种子在水中浸泡 24～48h	20℃/20～25℃，每天 8h 光照	3～6d	①胚伸长，有光泽； ②胚轴弯曲； ③胚根呈粉红色； ④子叶张开，呈鲜亮的黄色或淡绿色
2	苍山冷杉 *A. delavayi*	将种子在水中浸泡 24～48h	20℃/20～25℃，每天 8h 光照	3～6d	①胚伸长，有光泽； ②胚轴弯曲； ③子叶张开，呈鲜亮的黄色或淡绿色
3	巴山冷杉 *A. fargesii*	将种子在水中浸泡 24～48h	20℃/20～25℃，每天 8h 光照	3～6d	①胚伸长，有光泽； ②胚轴弯曲； 3. 子叶张开，呈鲜亮的黄、淡绿色
4	川滇冷杉 *A. forrestii*	将种子在水中浸泡 24～48h	20℃/20～25℃，每天 8h 光照	3～6d	①胚伸长，有光泽； ②胚轴弯曲； ③子叶张开，呈鲜亮的黄、淡绿色
5	长苞冷杉 *A. georgei*	将种子在水中浸泡 24～48h	20℃/20～25℃，每天 8h 光照	3～6d	①胚伸长，有光泽； ②胚轴弯曲； ③子叶张开，呈鲜亮的黄、淡绿色
6	沙松 *A. holophylla*	将种子在水中浸泡 24～48h	20℃/20～25℃，每天 8h 光照	4～7d	①胚伸长，有光泽； ②胚轴弯曲； ③子叶张开，呈鲜亮的黄、淡绿色

（续）

序号	树种	预处理	培养条件[1]	培养时间[2]	有生活力的胚
7	臭冷杉 *A. nephrolepis*	将种子在水中浸泡24～48h	20℃/20～25℃，每天8h光照	3～6d	①胚伸长，有光泽； ②胚轴弯曲； ③子叶张开，呈鲜亮的黄、淡绿色
8	雪松 *Cedrus deodara*	将种子在水中浸泡24～48h	20℃/20～30℃，每天8h光照	3～5d	①胚伸长，有光泽； ②胚轴弯曲； ③子叶张开，呈鲜亮的黄、淡绿色
9	油杉 *Keteleeria fortunei*	将种子在水中浸泡24～48h	25℃/20～30℃，每天8h光照	4～7d	①胚伸长，有光泽； ②胚轴弯曲； ③子叶张开，呈鲜亮的黄、淡绿色
10	华山松 *Pinus armandii*	剥去种皮后，在水中浸泡24～48h	25℃/20～30℃，每天8h光照	5～8d	①胚伸长，有光泽； ②胚轴弯曲； ③子叶张开，呈鲜亮的黄、淡绿色
11	白皮松 *P. bungeana*	剥去种皮后，在水中浸泡24～48h	25℃/20～30℃，每天8h光照	5～8d	①胚伸长，有光泽； ②胚轴弯曲； ③子叶张开，呈鲜亮的黄、淡绿色； ④胚根呈粉红色
12	高山松 *P. densata*	剥去种皮后，在水中浸泡24～48h	25℃/20～30℃，每天8h光照	4～7d	①胚伸长，有光泽； ②胚轴弯曲； ③子叶张开，呈鲜亮的黄、淡绿色

（续）

序号	树种	预处理	培养条件[1]	培养时间[2]	有生活力的胚
13	湿地松 *P. elliottii*	剥去种皮后，在水中浸泡24～48h	25℃/20～30℃，每天8h光照	4～7d	①胚伸长，有光泽； ②胚轴弯曲； ③子叶张开，呈鲜亮的黄绿色； ④胚根、胚轴呈粉红色
14	乔松 *P. griffithii*	剥去种皮后，在水中浸泡24～48h	25℃/20～25℃，每天8h光照	4～7d	①胚伸长，有光泽； ②胚轴弯曲； ③子叶张开，呈鲜亮的黄、淡绿色
15	红松 *P. koraiensis*	剥去种皮后，在水中浸泡24～48h	25℃/20～25℃，每天8h光照	5～8d	①胚伸长，有光泽； ②胚轴弯曲； ③子叶张开，呈鲜亮的黄、淡绿色
16	偃松 *P. pumila*	剥去种皮后，在水中浸泡24～48h	25℃/20～30℃，每天8h光照	4～7d	①胚伸长，有光泽； ②胚轴弯曲； ③子叶张开，呈鲜亮的黄绿色
17	樟子松 *P. sylvestris* L. var. *mongolica*	剥去种皮后，在水中浸泡24～48h	25℃/20～25℃，每天8h光照	4～7d	①胚伸长，有光泽； ②胚轴弯曲； ③子叶张开，呈鲜亮的黄、淡绿色
18	油松 *P. tabulaeformis*	剥去种皮后，在水中浸泡24～48h	25℃/20～25℃，每天8h光照	4～7d	①胚伸长，有光泽； ②胚轴弯曲； ③子叶张开，呈鲜亮的黄、淡绿色

（续）

序号	树种	预处理	培养条件[1]	培养时间[2]	有生活力的胚
19	侧柏 *Platycladus orientalis*	剥去种皮后，在水中浸泡 24～48h	25℃/20～25℃，每天 8h 光照	4～7d	①胚有生长迹象；②子叶张开呈绿色；③胚轴上部呈绿色略带红色，有光泽
20	杜仲 *Eucommia ulmoides*	将种子在水中浸泡 24～48h	25℃/20～25℃，每天 8h 光照	3～7d	①胚有生长迹象；②子叶张开；③胚轴浅绿色
21	山桃 *Prunus davidiana*	用台钳或锤子去除种皮后，在水中浸泡 24～48h	25℃/20～25℃，每天 8h 光照	4～10d	①子叶张开，至少有一片呈浅绿色或黄绿色，有光泽；②胚根伸长
22	杏 *P. armeniaca*	用台钳或锤子去除种皮后，在水中浸泡 24～48h	25℃/20～25℃，每天 8h 光照	4～10d	①子叶张开，至少有一片呈浅绿色或黄绿色，有光泽；②胚根伸长
23	郁李 *P. japonica*	用台钳或锤子去除种皮后，在水中浸泡 24～48h	25℃/20～25℃，每天 8h 光照	4～8d	①子叶张开，至少有一片呈黄绿色或绿色，有光泽；②胚根伸长
24	梅 *P. mume*	用台钳或锤子去除种皮后，在水中浸泡 24～48h	25℃/20～25℃，每天 8h 光照	4～10d	①子叶张开，至少有一片呈浅绿色或黄绿色，有光泽；②胚根伸长
25	稠李 *P. padus*	用台钳或锤子去除种皮后，在水中浸泡 24～48h	25℃/20～25℃，每天 8h 光照	4～8d	①子叶张开，至少有一片呈绿色或紫红色，有光泽；②胚根伸长

（续）

序号	树种	预处理	培养条件[1]	培养时间[2]	有生活力的胚
26	麦李 *P. landulosa*	用台钳或锤子去除种皮后，在水中浸泡24～48h	25℃/20～25℃，每天8h光照	4～8d	①子叶张开，至少有一片呈浅绿色或黄绿色，有光泽；②胚根伸长
27	樱桃 *P. pseudocerasus*	用台钳或锤子去除种皮后，在水中浸泡24～48h	25℃/20～25℃，每天8h光照	4～8d	①子叶张开，至少有一片呈浅绿色或黄绿色，有光泽；②胚根伸长
28	毛樱桃 *P. tomentosa*	用台钳或锤子去除种皮后，在水中浸泡24～48h	25℃/20～25℃，每天8h光照	4～8d	①子叶张开，至少有一片呈浅绿色或黄绿色，有光泽；②胚根伸长
29	榆叶梅 *P. triloba*	用台钳或锤子去除种皮后，在水中浸泡24～48h	25℃/20～25℃，每天8h光照	5～7d	①子叶张开，至少有一片呈黄绿色，有光泽；②胚根伸长
30	豆梨 *Pyrus. calleryana*	将种子在水中浸泡24～48h后，用剪刀除去种皮	25℃/20～25℃，每天8h光照	4～8d	①子叶张开，至少有一片呈浅绿色或黄绿色，有光泽；②胚根伸长
31	杜梨 *P. betulaefolia*	将种子在水中浸泡24～48h后，用剪刀除去种皮	25℃/20～25℃，每天8h光照	4～8d	①子叶张开，至少有一片呈浅绿色或黄绿色，有光泽；②胚根伸长
32	秋子梨 *P. ussuriensis*	将种子在水中浸泡24～48h后，用剪刀除去种皮	25℃/20～25℃，每天8h光照	4～8d	①子叶张开，至少有一片呈浅绿色或黄绿色，有光泽；②胚根伸长
33	山定子 *Malus baccata*	将种子在水中浸泡24～48h后，用剪刀除去种皮	25℃/20～25℃，每天8h光照	4～8d	①子叶张开，至少有一片呈浅绿色或黄绿色，有光泽；②胚根伸长

（续）

序号	树种	预处理	培养条件[1]	培养时间[2]	有生活力的胚
34	北京花楸 *S. discolor*	将种子在水中浸泡24~48h后，用剪刀除去种皮	25℃/20~25℃，每天8h光照	4~8d	①胚有生长迹象，有光泽； ②子叶张开，呈绿色或淡绿色； ③胚轴呈黄绿色、绿色； ④胚根伸长
35	花楸 *Sorbus pohuashanensis*	将种子在水中浸泡24~48h后，除去种皮	25℃/20~25℃，每天8h光照	4~8d	①胚有生长迹象，有光泽； ②子叶张开，呈绿色； ③胚轴呈黄绿色、绿色；
36	山茱萸 *Cornus officinalis*	用台钳或锤子去除种皮后，在水中浸泡24~48h	25℃/20~25℃，每天8h光照	4~8d	①胚有生长迹象，有光泽； ②子叶张开；
37	臭椿 *Ailanthus altissima*	将种子在水中浸泡24~48h后，用剪刀除去种皮	25℃/20~25℃，每天8h光照	3~7d	①胚生长、延伸，有光泽； ②子叶呈绿色
38	五角枫 *Acer mono*	将种子在水中浸泡24~48h后，用剪刀除去种皮	25℃/20~25℃，每天8h光照	3~7d	①胚根伸长； ②子叶呈绿色或淡绿色
39	茶条槭 *A. ginnala*	将种子在水中浸泡24~48h后，用剪刀除去种皮	25℃/20~25℃，每天8h光照	4~10d	①有生长迹象，新鲜有光泽； ②子叶呈绿色或淡绿色； ③胚根伸长
40	复叶槭 *A. negundo*	将种子在水中浸泡24~48h后，用剪刀除去种皮	25℃/20~25℃，每天8h光照	4~10d	①有生长迹象，新鲜有光泽； ②子叶伸展张开，呈淡黄色或淡绿色； ③胚根伸长

（续）

序号	树种	预处理	培养条件[1]	培养时间[2]	有生活力的胚
41	地锦槭 *A. mono*	将种子在水中浸泡24～48h后，用剪刀除去种皮	25℃/20 ～ 25℃，每天8h光照	4～10d	①有生长迹象，新鲜有光泽； ②子叶伸展张开，呈淡黄色或淡绿色； ③胚根伸长
42	三花槭 *A. triflorum*	将种子在水中浸泡24～48h后，用剪刀除去种皮	25℃/20 ～ 25℃，每天8h光照	4～10d	①有生长迹象，新鲜有光泽； ②子叶伸展张开，呈淡黄色或淡绿色； ③胚根伸长
43	元宝槭 *A. truncatum*	将种子在水中浸泡24～48h后，用剪刀除去种皮	25℃/20 ～ 25℃，每天8h光照	4～10d	①有生长迹象，新鲜有光泽； ②子叶伸展张开，呈淡黄色或淡绿色； ③胚根伸长
44	金钱槭 *Dipteronia sinensis*	将种子在水中浸泡24～48h后，用剪刀除去种皮	25℃/20 ～ 25℃，每天8h光照	3～7d	①有生长迹象，新鲜有光泽； ②子叶伸展张开，呈淡黄色或淡绿色； ③胚根伸长
45	葛藤 *Paeraria lobata*	始温60～80℃水浸泡种子24h，余硬粒再处理1～2次	25℃/25 ～ 30℃，每天8h光照	4～10d	①胚有生长迹象，有光泽； ②子叶呈绿色或淡绿色
46	刺槐 *Robinia pseudoacacia*	始温60～80℃水浸泡种子24h，余硬粒再处理1～2次	25℃/20 ～ 25℃，每天8h光照	3～4d	①胚有生长迹象，坚硬、有光泽； ②子叶张开，呈绿色或淡绿色； ③胚根伸长
47	槐树 *Sophora japonica*	始温60～80℃水浸泡种子24h，余硬粒再处理1～2次	25℃/20 ～ 25℃，每天8h光照	3～6d	①胚有生长迹象，坚硬、有光泽； ②子叶张开，呈绿色或淡绿色； ③胚根伸长

（续）

序号	树种	预处理	培养条件[1]	培养时间[2]	有生活力的胚
48	紫藤 *Wisteria sinensis*	始温 60～80℃水浸泡种子 24h，余硬粒再处理 1～2 次	25℃/20～25℃，每天 8h 光照	4～8d	①子叶张开；②胚根伸长
49	皂荚 *Gleditsia sinensis*	始温 60～80℃水浸泡种子 24h，余硬粒再处理 1～2 次	25℃/20～25℃，每天 8h 光照	4～8d	①胚有生长迹象，坚硬、有光泽；②子叶张开，呈绿色或淡绿色
50	卫矛 *Euonymus alatus*	将种子在水中浸泡 24～48h	25℃/20～25℃，每天 8h 光照	3～6d	①胚有生长迹象，坚硬、有光泽；②子叶呈绿色或淡绿色
51	沙枣 *Elaeagnus angustifolia*	将种子在水中浸泡 24～48h	25℃/25～30℃/每天 8h 光照	4～7d	①胚有生长迹象，有光泽；②子叶张开，呈绿色；③胚根伸长
52	沙棘 *Hippophae rhamnoides*	将种子在水中浸泡 24～48h	25℃/20～25℃，每天 8h 光照	3～6d	①胚有生长迹象，有光泽；②子叶呈绿色或淡绿色；③胚根伸长
53	白蜡 *Fraxinus chinensis*	将种子在水中浸泡 24～48h	25℃/20～25℃，每天 8h 光照	3～8d	①胚有生长迹象，有光泽；②子叶呈绿色或淡绿色；③胚轴弯曲；④胚根伸长
54	水曲柳 *Fraxinus mandshurica*	将种子在水中浸泡 24～48h	25℃/20～25℃，每天 8h 光照	3～8d	①胚有生长迹象，有光泽；②子叶张开，呈绿色或淡绿色；③胚根伸长

（续）

序号	树种	预处理	培养条件[1]	培养时间[2]	有生活力的胚
55	华北紫丁香 *Syringa oblata*	将种子在水中浸泡24～48h	25℃/20～25℃，每天8h光照	3～8d	①胚有生长迹象，有光泽； ②子叶张开，呈绿色或淡绿色； ③胚根伸长
56	连翘 *Forsythia suspensa*	将种子在水中浸泡24～48h	25℃/20～25℃，每天8h光照	3～8d	①胚有生长迹象，有光泽； ②子叶张开，呈绿色或淡绿色； ③胚根伸长
57	水蜡 *Ligustrum obtusifolium*	将种子在水中浸泡24～48h	25℃/20～25℃，每天8h光照	3～8d	①胚有生长迹象，有光泽； ②子叶张开，呈绿色或淡绿色； ③胚根伸长
58	忍冬 *Lonicera japonica*	将种子在水中浸泡24～48h	25℃/20～25℃，每天8h光照	4～8d	①胚有生长迹象，有光泽； ②子叶张开，呈绿色或淡绿色； ③胚根伸长
59	紫椴 *Tilia amurensis*	将种子在水中浸泡24～48h	25℃/20～25℃，每天8h光照	4～10d	①胚有生长迹象，有光泽； ②子叶呈绿色或淡绿色； ③胚根伸长
60	糠椴 *T. mandshurica*	将种子在水中浸泡24～48h	25℃/20～25℃，每天8h光照	4～10d	①胚有生长迹象，有光泽； ②子叶呈绿色或淡绿色； ③胚轴呈粉红色； ④胚根伸长

（续）

序号	树种	预处理	培养条件[1]	培养时间[2]	有生活力的胚
61	南京椴 *T. miqueliana*	将种子在水中浸泡24～48h	15℃，每天8h光照	5～7d	①胚有生长迹象,胚根伸长； ②子叶张开； ③胚轴伸长、弯曲,呈红色

注1:列出的两个温度条件可以任选其一。

注2:培养时间仅作为参考,检验人员应根据实际情况适当缩短或延长,原则是对所有试验材料能够进行判定。